한옥 적응기

한옥 적응기

전통 가옥의 기구한 역사

1판 1쇄 발행 2024년 8월 16일
지은이 정기황 | **펴낸이** 임중혁 | **펴낸곳** 빨간소금
등록 2016년 11월 21일(제2016-000036호)
주소 (01021) 서울시 강북구 삼각산로 47, 나동 402호 | **전화** 02-916-4038
팩스 0505-320-4038 | **전자우편** redsaltbooks@gmail.com
ISBN 979-11-91383-47-8 (03540)

* 책값은 뒤표지에 있습니다.

한옥 적응기

정기황

전통 가옥의 기구한 역사

빨간소금

책을 펴내며

노을을 보며 모여 앉아 술을 나눈다. 붉은 노을 아래로 검정 구름이 몰려와 비를 뿌린다. 장마의 시작이다. 함석 처마에 떨어지는 빗방울 소리가 점점 요란해진다. 다섯 평도 채 안 되는 컨테이너 '책 집'과 그 옆 컨테이너 사이에 지붕이 있다. 이 지붕의 이름은 '붕'이다. 맞다. 《장자(莊者)》 '소요유(逍遙遊)'에 나오는 물고기 곤(鯤)이 변해 된 새, 한 번에 구만리를 나는 그 붕(鵬)이다. 자유를 상징하는 이 붕을 형태, 높이, 크기, 중심이 모두 다른 다섯 개의 목조 트러스로 이루어진 지붕으로 만들었다. 누군가는 허황되고 초라하다 할지 모른다. 하지만 이곳은 나와 친구들이 만나 함께 상상하고, 이야기를 나누고, 서로 의지하는 공간이다. 한 명 한 명이 만나고 그들의 상상이 모여 현실이 되는 곳, 지역이 되고 문화가 생성되는 곳이다.

이 책은 건축학자이자 건축가로서 내가 한국 사회에 던지는 두 가지 질문과 그에 대한 답이다. 하나의 질문은 '집(공간)의 필요는 무엇인가?'이다. 맹수나 자연재해 등으로부터 피할 수 있는 피난처, 언제나 편하게 쉴 수 있는 안식처, 또는 재산을 증식시키는 부동산. 필요는 각 시대와 지역에 따라 다를 것이다. 집(공간)에 대한 필요는 말 그대로 "케바케(Case by Case)"라서 획일화될 수 없다.

다른 하나의 질문은 '집(공간)에 대한 취향을 가지고 있는가?'이다. 집은 인간의 삶과 뗄 수 없고 인간이 사고파는 물건 가운데 가장 비싸지만, 집을 선택할 때 1,000원짜리 볼펜을 고를 때만큼의 취향도 작동하지 않는 경우가 허다하다. 볼펜은 디자인, 색상, 볼의 크기, 쥐는 느낌, 재질 등을 하나하나 살피고 구매하기 때문에 수십만 가지 이상의 볼펜이 존재한다. 집은 어떤가? 전국 어느 아파트나, 공간의 구성뿐 아니라 크기, 높이, 형태, 색상, 재료 등이 거의 비슷하다. 집에 들어가지 않고서도 현관부터 방의 위치, TV부터 침대의 위치까지 예측할 수 있을 정도다. 한국 사람이 비슷한 취향을 가지고 있어서일까? 한국의 주택은 아파트 약 65%, 다세대(연립) 약 15%, 다가구 약 15%(다가구는 법적으로 단독주택이라서 정확히 수치화하기 어렵다)로, 한 집에 여러 가구가 모여 사는 공동주택에 전 국민의 약 95%가 산다. 이런 획일화된 문화는 믿기 어렵겠지만, 불과 50여 년 사이에 만들어졌다.

취향은 보고 듣고 사용한 경험으로 만들어지므로 과거지향적이고, 필요는 현재 조건의 변경을 통한 새로움의 추구로 이어지므로 미래지향적이다. 따라서 취향과 필요에 대한 견해가 없다는 것은 물건이나 문화의 비판적 수용이 어렵다는 뜻이고, 결국 앞으로 나아갈 수 없다는 뜻이다. 요즘 어린이들한테 '살고 싶은 집'을 그리라고 하면, 혼자 사는데도 네모난 큰 건물에 네모난 창문이 가득한 아파트를 그린다. 한국의 주거가 규격화된 상품으로 대량 생산된 아파트로 획일화되었기 때문일 것이다. 집에 대한 상상력 자체가 소멸하고 있다.

이런 현실에서 이 책은 한반도의 기후와 지형, 그리고 사회문화의 변화에 따른 한옥의 적응 과정을 자세히 추적함으로써 취향과 필요의 전범을 제시할 것이다. 더불어, 집과 건축에 대한 사회문화 권력의 개입이 만드는 폐해를 인식하고 그에 저항할 수 있는 근거를 제공할 것이다. 집(공간)에 대한 취향과 필요의 발현은 주거 다양성뿐 아니라 사회문화 전반의 다양성을 만드는 토대로서 매우 중요하다.

이 책은 내 석사학위논문 〈자하문 길 주변 지역의 도시 건축 적응 유형 연구〉(2008)와 박사학위논문 〈서울 도시한옥의 적응태〉(2015)에 기초한다. 이 논문들을 지도해 주신 '잠을 줄여라' 송인호 선생님, '담배나 피자' (고)박철수 선생님, '유형학이란' 김성홍 선생님, '소주 한잔하자' 정석 선생님, '스트라이크 존' 송도영 선생님, '마을이란' 한필원 선생님께 감사드린다. 이 연구들은 발로 조사한 기록으로, 함께 걷고 뛴 선·후배 동료들이 있었기에 가능했다. 이들에게 감사드린다.

마지막으로 '네가 하고 싶은 거 다 해'라고 무한(항상은 아니지만 자주) 신뢰를 보여 주는 세 명의 여자사람 동거인 홍경희, 정홍현, 정홍비에게 이 책을 바친다.

2024년 6월 29일

붕의 날개 아래서

차례

한옥이란 무엇인가[01]

"50년대 초, 내가 결혼해서 시집살이를 한 동네는 좁고 꼬불탕한 골목 안에 작은 조선기와집들이 처마를 맞대고 붙어 있는 오래된 동네였다"[02]라고 소설가 박완서는 서울시 성북구 동선동에서의 생활과 경관을 회상한다. 박완서는 동선동과 보문동 한옥에서 오래 거주했다. 그는 장소 묘사가 뛰어난 소설가다. 박완서의 마지막 장편소설 《그 남자네 집》은 동선동 한옥에서의 생활을 바탕으로 한다.

이 지역은 일제강점기인 1936~41년에 한반도 최초의 근대 도시계획인 〈조선시가지계획령〉의 "경성시가지계획 돈암지구"로

01 이 글은 〈조선 기와지붕만 겨우 남겨 놓은 집〉, 《월간 문화 + 서울》 2019년 5월호를 수정·보완한 것이다.

02 박완서, 〈작가의 말〉, 《그 남자네 집》, 세계사, 2012. 《그 남자네 집》은 그 어디에도 기록되지 않은 1950년대 돈암지구 동선동 일대의 도시경관, 한옥, 일상생활을 세밀하게 기록한 소중한 자료다.

건설된 신도시다. 돈암지구는 신도시 개발 이전에 경기도 고양군이었다가 개발 계획으로 경성부 동대문구로 편입되었다. 일제는 돈암지구를 일본식 필지 구조로 계획해 일본인과 조선인이 함께 거주하는 내선혼주(內鮮混住) 도시로 만들고자 했다. 하지만 조선인들의 주택난이 심각했고, 대부분을 조선인 건축청부업자가 개발하면서 한옥이 지어졌다. 한옥을 짓기 위해 좁고 긴 일본식 필지는 10×10m의 작은 필지로 분할되었고, 이 작은 필지에 작은 한옥이 대량으로 건설되었다.

《그 남자네 집》은 완공된 지 얼마 안 된 1950년대 돈암지구의 경관과 2000년대 크게 변화한 경관을 잘 보여 준다. 박완서는 한옥을 마당에서 새싹이 돋는 "땅집", 조선기와로 덮은 "기와집", 소설을 쓴 현재(2004)의 용어인 "한옥"으로 때와 장소에 따라 다양하게 표현한다. 박완서는 그가 살았던 1950년대를 회상하며 사라지는 기억 속의 도시경관을 개탄한다.

> 그 동네도 한옥은 얼마 남아 있지 않거니와 남아 있는 한옥도 조선기와지붕만 겨우 남겨 놓고 카페나 패스트푸드점, 의상실 등으로 구조 변경을 한 집이 대부분이라고 했다. 대학이 들어섰으니까 주택가가 대학촌으로 변한 건 당연지사라 하겠다. 그러면 그렇지, 내가 생생하게 떠올릴 수 있는 게 그 자리에 그냥 있었던 적인 어디 한 번이라도 있었던가."[03]

03 박완서, 같은 책, 18쪽.

실제로 동선동 지역의 길가에는 한옥인지 구분조차 불가능한 "조선 기와지붕만 겨우 남겨 놓"은 가게들이 하루가 다르게 상호를 바꿔 가며 자리하고 있다. 박완서는 경험을 바탕으로 기와지붕의 관리에 대한 문제점을 지적한다.

> 조선 기와지붕은 손이 많이 간다. 더군다나 요즘에는 제대로 된 기왓장을 구하기도 어렵다. 예전에도 기왓장이 품삯은 미장이의 세 곱절은 됐다. 기술은 안 이어받고 품삯에 대한 풍문이나 믿는 얼치기나 걸리기 십상이다. 도심의 빌딩 숲 사이에 어쩌다 남아 있는 조선 기와지붕의 그 참담한 퇴락상을 보면 전통 가옥 보존 어쩌고 하는 소리가 얼마나 무책임한 개수작이라는 걸 알 것이다.[04]

실제로 한옥에서 기와는 재료 특성, 소성[05] 기술, 구법[06] 등에 문제가 있다. 박완서가 기술한 대로 기와집은 주기적으로 기왓장을 갈아 줘야만 하고 비용이 많이 든다. 2000년대 전통 가옥 보존은 북촌이라는 특정 지역에만 해당했으니, 동선동(돈암지구) 한옥의 퇴락을 본 작가가 한탄할 만하다.

박완서가 살았던 동선동 집 인근의 신흥목공소는 "조선 기와

04 박완서, 같은 책, 30쪽.

05 가마에서 벽돌, 도자기 등을 구워 만드는 것을 말한다. 소성 온도에 따라 성질이 변하므로, 높은 소성 온도를 내고 유지하는 것은 어려운 기술이다.

06 건축의 구조 방식이나 건축 재료의 구성 방법이 통합적으로 담긴 용어다. 특히 건축 기술과 재료가 발달하기 이전의 건축은 재료와 구조가 공간(형태)에 큰 영향을 끼쳤기 때문에 구법처럼 통합된 사고가 필요했을 것이다.

지붕만 겨우 남겨 놓"은 채 여전히 그 자리에 서 있다. 90여 년의 세월을 간직한 신흥목공소는 간판에서도 그 세월을 느낄 수 있다. 지금은 쓰지 않는 "가옥수리", "보이라", "실내장치"라는 낱말이 보인다. "가옥수리"는 집 수리나 주택 수리로 바뀌었고, 영어 Boiler의 일본식 표현인 "보이라"는 이제 쓰지 않으며, 실내 건축을 뜻하는 "실내장치"는 영어 원어인 인테리어로 바뀐 지 오래다.

신흥목공소는 동서 방향의 블록 구조 모서리에 위치해 '가각전제(街角剪除)'[07]라는 근대적 도시계획법이 적용되어 모서리가 사선으로 잘린 필지에 놓여 있다. 따라서 한옥도 네모반듯한 정형이 아니라 비정형이다.[08] 이런 비정형의 한옥에 일제강점기 대량 생산된 한옥의 특징이 고스란히 담겨 있다.

한옥은 기와집으로 둘러싸인 네모반듯한 마당을 중요하게 생각했다. 하지만 이를 비정형 필지에 구현하는 것은 비효율적이고 비경제적이다. 그런데도 신흥목공소는 억지스러울 정도로 기와지붕으로 둘러싸인 마당을 만들고 있다. 물론 신흥목공소뿐 아니

07 택지 블록(街)의 모서리 직각 부분(角)을 사선으로 잘라(剪) 덜어낸(除)다는 뜻이다. 자동차의 원활한 통행(회전)을 위해 시각을 확보하려는 조치다.

08 돈암지구의 블록 구조는 일반적으로 동서 방향 40×100m로 네 모서리가 가각전제되었고, 각 필지는 10×20m로 도로에 면해 폭이 좁고 깊이가 깊게 계획되었다. 그러나 한옥을 계획하면서 각 필지는 10×10m로 다시 구획되었다. 이에 따라 세로 4개, 가로 10개의 필지로 분할되면서 중심 2개 열의 필지는 도로에 면하지 못한 맹지가 되었고, 이를 해결하기 위해 도로에서 각 필지로 연결하는 막다른 도로를 만들었다. 돈암지구에서만 나타나는 필지 구조의 특징이다. 그 결과 1980년대 말부터 시작된 다세대·다가구 개발 붐 당시, 도로에 면한 필지만을 개발하거나 도로에 면한 필지와 합필해 개발하면서 블록 중심부의 한옥만 남는 특징을 보인다.

돈암지구 한옥밀집지역 내의 신흥목공소와 신흥전파사(2019).

라 일제강점기에 지어진 한옥들은 마당을 중심으로 5량 구조의 높은 지붕, 3량 구조로 둘러싼 지붕, 남쪽으로 열린 2칸 대청, 채의 꺾임부에 안방, 안방 밑에 부엌이 있는 전형적인 '경기형 민가(웃방꺾임집)'다. 즉, 화려한 구법인 겹처마에 소로수장[09]까지 갖춘 조선시대 양반가 가옥 형식이다. 이는 집을 통해 일제강점기 조선인으로서의 정체성과 신분 상승의 욕망을 표출했기 때문이다.

신흥목공소는 1936년부터 지금까지 조선시대 주거 문화를 기초로 90여 년을 거치며 사용자들이 변형·변용(Transformation & Mutation)해 온 문화적 집적체다. 90여 년이라는 생활의 무게로, 집에 이것저것이 덕지덕지 붙고 부재들은 기울고 낡아 원래 형태와는 크게 달라졌지만 말이다. 국립국어원 〈표준국어대사전〉에 따르면, 한옥은 "우리나라 고유의 형식으로 지은 집을 양식 건물

09 한옥은 무거운 옥개부(지붕부)의 하중을 기둥으로 전달하는 구조다. 따라서 옥개부와 기둥 사이의 구조가 가장 중요하다. 그 사이를 연결하는 도리는 필수고, 도리를 보완하는 장여와 장여의 구조를 강화하는 소로가 있기도 하다. 도리만 있으면 민도리, 장여까지 있으면 장여수장, 소로까지 있으면 소로수장이다.

에 상대하여 이르는 말"이다. "고유의 형식"을 무엇으로 정의하느냐에 따라 달라지는 매우 폭넓은 개념이다.[10] 하지만 지금의 보통 사람들이 지닌 한옥에 대한 인식은 조선시대 기와집 정도다. 신흥목공소는 기와집이지만, 조선시대 기와집과는 다르다. 그렇다면 신흥목공소는 한옥일까, 아닐까?

'한옥'이라는 말은 개항 이후 1908년에 정동 지역에서 양옥, 일본 가옥(일옥)과 구분하기 위해 처음 사용되었고,[11] 1970년대에 정부와 언론 등에서 적극 사용하면서 전통 가옥을 통칭하는 용어로 자리 잡았다. 일제강점기에 한옥은 주로 '조선집'이라 불렸다. 조선시대 기와집은 소수의 양반만이 사는 큰 규모의 주거 양식이었고, 현재 서울에 남아 있는 기와집 대부분은 일제강점기에 지어진 규모가 작은 기와집이다. 일제강점기 한옥은 조선시대 집과 달리, 인구 급증과 심각한 주택난으로 밀도가 높아지고 생활 방식이 바뀐 도시에 적응하며 개발된 '도시한옥'이다. 신흥목공소는 도시한옥이다.

지금의 한옥 붐은 2000년대 초에 도시한옥이 주였던 북촌과 인사동에 대한 보존 계획에서 시작되었다. 이어서 전주한옥마을, 서촌 등 오래된 한옥 주거지가 주목받았다. 더불어 한옥 관련한 각종 법제가 만들어지고, 한옥 용어에 대한 정의가 수립되고, 한옥 관련 국가정책 연구가 이루어졌다. 하지만 여전히 한옥은 짓

10 최근에는 일반적으로 '온돌과 마루 그리고 마당'이라는 공간 형식을 부과해 정의한다.

11 〈가사(家舍)에 관한 조복문서(照覆文書)〉, 규장각(한국연구원), 1908. 4. 23.

고 관리하는 데 비용이 많이 드는, 소수만이 누릴 수 있는 고급 주택이다. 현대판 양반 가옥이나 다름없다. 따라서 우리에게 익숙한, 수백 년의 주거 문화와 새로운 주거 문화 사이에서 거주자의 필요에 따라 적응해 온 '도시한옥'은 전통 가옥이 아닐 수도 있다.

법고의 전리품

왜 우리는 조선시대 기와집만을 한옥이라고 생각할까? 왜 한옥은 변화하지 못하고 정체되어 있을까? 우리가 흔히 말하는 전통에 대한 오해는 법고창신(法古創新)에 대한 오해와 같다. 연암 박지원은 '옛것을 바탕으로 무엇을 내놓을 것인가?'라고 물었다. 그는 새것을 내놓는 '창신'에 방점을 찍었다. 조금만 생각하면 지극히 당연한 일이다. 전통은 사용자와 시대의 변화에 따라 많은 사람에게 선택받은 결과물이기 때문이다.

중국, 일본, 베트남을 포함한 동아시아의 전통 가옥과 한옥은 비슷한 점이 많다. 동아시아의 전통 가옥은 기단 및 주초 위의 목재 기둥과 도리·서까래 등으로 결구한 가구식 구조, 마당을 두고 지붕에 기와를 덮은 구조다. 건축학이나 역사학 전공자도 동아시아의 전통 가옥과 한옥을 구별하기 쉽지 않다. 그런데도 한국에서 한옥은 그 어디에도 없는 고유한 것으로 인식되고 정의된다.

에릭 홉스봄(Eric Hobsbawm)을 들먹이지 않더라도 '전통은 만들어진다'는 것은 이제 상식이다. 전통은 고정불변의 법칙이 아니다. 전통은 홉스봄의 말처럼 근대 국민 정체성 창조의 하나로, 과거의 형태를 기본 삼아 형식화·제도화한 산물이다. 한국에

중국, 일본, 베트남, 한국의 전통 가옥.
무엇이 한옥일까?

중국 / 리장	일본 / 나라	일본 / 나라
일본 / 나라	베트남 / 하노이	일본 / 나라
중국 / 리장	베트남 / 하노이	한국 / 서울
베트남 / 하노이	중국 / 리장	한국 / 강화도
한국 / 서울	베트남 / 하노이	베트남 / 하노이

서 전통과 한옥이 일반적으로 사용된 시기가 국민성을 강조하던 1960~70년대 군사독재기인 것이 이를 증명한다. 특히 가옥은 오랜 시간 동안 문화가 집적되어 만들어지므로, 고정된 형태나 양식으로 정의하는 것이 불가능하다. 그런데도 한옥은 조선시대 양식으로 정의되고 있다. 현재 한옥의 유행은 전통에 대한 이러한 인식과 무관하지 않다.

요즘 서울에서는 기와지붕, 한식 목구조, 화방벽, 전통 창호 등의 형태적 부분과 조선시대 전통 가옥, 경기형 민가 등의 양식적 부분에 지향점을 두고 한옥 정책이 시행되는 경향을 보인다. 즉 일률적이고 획일적인 경관을 만들어 내고 있다. 이러한 형태적·양식적 추구는 공사비[12]를 상승시킨다. 북촌, 서촌 등에 대한 한옥밀집지구 지정 이후, 정부는 한옥 매입과 보조금 지원을 통해 형태적·양식적인 변화를 유도하고 있다. 도시한옥의 외형적 경관을 만들어 관광 상품화하려는 것이다. 관광객은 기하급수적으로 늘어나고, 도시한옥은 상업 시설로 바뀌고, 지가와 임대료는 천정부지로 오르고 있다. 원주민들은 쫓겨났고, 지가와 공사비의 상승에 따라 일반 계층의 주거 형태로 만들어진 도시한옥은 부유층의 주거 형태로 바뀌고 있다.

사회는 매우 전통 지향적이기 때문에, 어떤 형태는 당연하게 수용하는 반면 변화에는 강하게 저항했다. 이것은 형태와 그 형태를 낳게

12 한옥의 공사비는 일반 건축물에 비해 보통 3~5배 정도 높다.

한 문화와 밀접한 관계가 있으며, 또 이들 가운데 몇몇 형태는 상당히 오랜 기간 동안 지속되었다는 사실을 설명해 준다. 형태가 이렇게 지속됨으로써, 마침내 그 원형(model)은 대부분의 문화적·물리적 또는 유지·관리상의 필요조건을 만족시킬 때까지 순응해 간다.[13]

앞의 인용문을 담은 아모스 라포포트(Amos Rapoport)의 《주거 형태와 문화》는 주거 연구와 관련해 기본이 되는 책이다. 라포포트의 논리에 따르면 도시한옥도 다양한 문화에 적응하며 지속되어 온 것으로서, '거주자의 필요(basic needs)에 따라 변화한다'는 가옥의 기본 성격과 맞닿아 있다. 그의 말처럼 "문화적·물리적 또는 유지·관리상의 필요조건을 만족시킬 때" 가옥은 변화하고, 그 변화가 보편적일 때 새로운 전통이 된다. 가옥에는 오랜 기간 지속된 것과 변화한 것이 공존하는 문화가 담겨 있다. 따라서 지금의 한옥 정책이 지향하는 기와로 된 팔작지붕, 소로수장된 결구법, 세살(빗살) 문양의 창호, 사괴석 외벽 등은 한옥을 특정한 시기의 한옥으로 박물관화하는 것밖에 되지 않는다. 특히 국가나 특정 집단이 주도해 구축한 것이라면 더욱 그렇다. 전통은 사용자의 필요에 따라 변화·지속된다. 따라서 전통의 가치는 이렇게 변화하는 과정과 형태 이면에 담긴 문화에 있다.

문화를 만들고 지속·변화시키는 주체는 인간이다. 가옥 문화의 주체도 인간이다. 따라서 전통 가옥으로서 한옥을 규정하기

13 아모스 라포포트, 이규목 옮김, 《주거 형태와 문화》, 열화당, 1993, 16~17쪽.

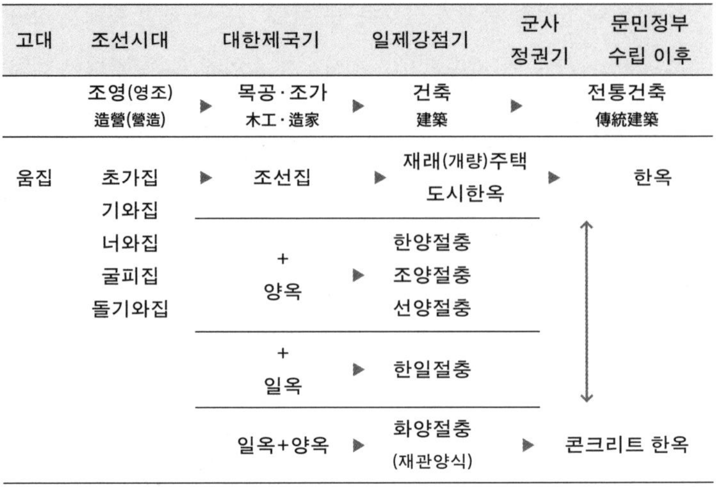

고대	조선시대	대한제국기	일제강점기	군사 정권기	문민정부 수립 이후
	조영(영조) 造營(營造) ▶	목공·조가 木工·造家 ▶	건축 建築 ▶		전통건축 傳統建築
움집	초가집 ▶ 기와집 너와집 굴피집 돌기와집	조선집 ▶	재래(개량)주택 도시한옥 ▶		한옥
		+ 양옥 ▶	한양절충 조양절충 선양절충	↕	
		+ 일옥 ▶	한일절충		
		일옥+양옥 ▶	화양절충 (재관양식) ▶		콘크리트 한옥

한반도 집(가옥)의 적응 과정.

위해서는 한옥이 변화하는 과정과 그 형태에 담긴 사용자의 고민과 문화를 분석하는 것이 필요하다. 이를 위해 이 책의 기반이 된 나의 박사학위논문 〈서울 도시한옥의 적응태〉에서는 정신분석학에서 사용하는 '적응(Adaptation)' 개념을 사용했다. 적응은 본질적으로 수동적인 내부 변형적 현상인 순응(adjustment)과는 분명히 구분되는 능동적 개념이다. 적응은 "적절하고 유익하게 환경에 대처할 수 있는 역량으로서, 외부 세계의 현실에 적당히 맞추는 활동과 환경을 바꾸거나 더 적절하게 통제하기 위한 활동을 포함"한다. 또한 "개인과 환경 사이에 존재하는 '함께 어울림(adaptedness)'의 상태를 의미하기도 하고, 그러한 상태로 이끄는 심리적 과정을 의미"하기도 한다. 나아가 적응은 외부 환경을 수정할 수 있는 역량과 능력을 증진하는 기반이다.[14] 가옥 분석에서 적응은 가옥 사용자가 각 시기 생활 문화, 기술 문화, 법제도 등 외부 환경의 변화에 따라 능동적으로 가옥을 유지하거나 바꾸는 활동과 행동을 의미한다. 그리고 이런 적응 과정의 의미가 담긴 형태를 '적응태'로 규정한다.

14 '적응' 개념은 하인즈 하트만(Heinz Hartmann)의 정신분석 이론에서 사용한 의미를 따른다. 관련 내용은 서울대상관계정신분석연구소(한국심리치료연구소), 《정신분석용어사전(2002)》에서 정리·발췌했다.

자연의 시대

1

지붕의 재료로 구분하는 집

집짓기는 땅과 하늘 사이에서 인간이 그 관계를 설정하는 상징적 행위다. 땅과의 관계는 기단, 하늘과의 관계는 지붕이 담당한다. 특히 지붕은 눈비를 막아야 하고, 경관을 좌우한다. 사계절이 뚜렷한 한반도에서 지붕은 모든 계절에 대응해야 했기에 집의 상징으로 발달했다. 그래서 초가집, 굴피집, 너와집, 돌기와집, 기와집처럼 지붕의 재료로 구분되었다. 1876년 개항 전까지를, 자연 재료로 만든 지붕을 가진 집의 시대라는 뜻에서 '자연의 시대'로 부를 수 있다.

건축은 자연과의 싸움에서 시작된다. 자연으로부터 재료를 구해야 하고, 구한 재료로 땅 위에 안정적으로 세워야 한다. 중력을 이겨내야만 하고, 비바람과 맹수로부터 보호할 수 있어야 한다. 인류의 건축 시작점인 움집은 어땠을까? 땅을 파 바닥에 돌을 깔고, 나무로 골조를 세우고 그 위에 짚(갈대)으로 지붕을 덮었을 것이다. 구덩이를 판 까닭은 동굴 등에서 오래 생활해, 지열 효과를 경험치로 알고 있었기 때문일 것이다. 또한 활동하기에 편리한 높이를 확보하기 위해 시행착오를 거쳐 삼각 텐트 형태로 나무를 세웠을 것이다.

그 뒤 움집은 테두리에 수직의 기둥을 세우고, 기둥을 연결하는 보(도리)를 설치하고, 여기에 나무를 눕히는 형식으로 발전했을 것이다. 그리고 이는 한옥에서 기둥을 세우고 도리를 돌리고 서까래를 얹어 지붕을 만드는 시작점, 즉 기둥-도리-서까래가

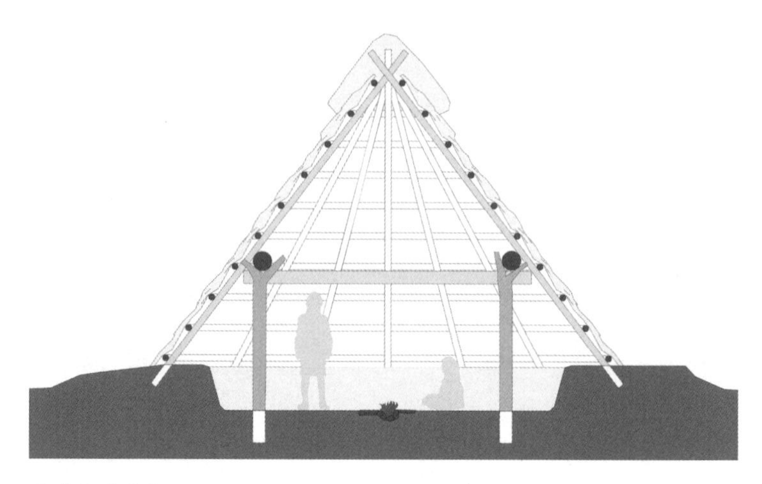

움집 단면 개념도.

만나는 결구의 시작점이 되었을 것이다. 또한 바닥이 진창이 되는 것을 막기 위해 까는 돌을 화구 주위에도 깔아 보온용으로 사용했을 것이다. 구운 돌이라는 뜻의 '구들'과 이를 한자화한 '온돌'의 시작이었다.

마지막으로, 움집에서 벽과 지붕은 구분되지 않았을 것이다. 눈과 비를 막기 위해서 경사도는 필수이기 때문이다. 쉽게 구할 수 있고 내구성이 강하며 골조에 엮을 수 있는, 비교적 크기가 큰 재료가 필요했을 것이다. 농경이 시작되면서 수숫대, 볏짚 등이 사용된 이유다. 하지만 이것들은 비, 바람, 눈으로부터 완벽하게 보호할 수 있는 재료가 아니었다. 그 뒤 도구가 발달하면서 나무껍질로 덮은 굴피집, 나무를 판재로 만들어 덮은 너와집, 얇은 돌판을 덮은 돌기와집 등이 나타났다. 그리고 구조체가 강화되면서 지붕 재료 아래에 흙 등을 덮거나, 초가집의 경우 볏짚을 두텁게 쌓는 방식으로 발달했다. 이어서 흙을 빚어 물이 흘러내릴 수 있는 골을 만든 기와가 만들어졌다. 하지만 기와는 빚기에서 형태 만들기까지 긴 공정이 필요했다. 더욱이 도자기 같은 강도를 만들기 위해 높은 온도로 가마에 구워야 했는데, 이는 매우 어려웠다. 청기와, 황기와 등 유약을 발라 도자기처럼 만드는 기술이 개발된 뒤에도 왕가와 사대부가조차 쉽게 사용할 수 없었다. 움집에서 발전한 한옥은 목구조 등의 구조도 중요하지만, 지붕 재료를 두텁게 강조하는 형식으로 발달했으므로 지붕 재료로 구분하는 것이 마땅하다.

태조 이성계가 좋아한 초가집

조선을 건국한 태조 이성계가 아끼는 딸 며치에게 집을 선물했다. 그 내용을 기록한 문서가 현재 국립중앙박물관에서 소장하고 있는 〈숙신옹주 가옥허여문기(淑愼翁主 家屋許與文記)〉다. 조선 최초의 가옥 급여 문서다. 문서 왼쪽에 태조가 친필로 서명하고 오른쪽 위에 태조의 존호 '계운신무태상왕지보(啓運神武太上王之寶)'를 새긴 인감을 찍었다. 이와 비슷한 조선시대 문서는 대부분 노비와 전답 등에 대한 상속 문서다. 그러나 〈숙신옹주 가옥허여문기〉는 집의 위치, 배치, 용도, 구성, 형태, 재료 등을 자세히 기록하고 있다.

이성계는 딸 며치에게 보내는 애틋한 마음이 담긴 글로 시작한다. 1401년은 '2차 왕자의 난' 다음 해로 이방원이 왕위에 오른 직후다. 1398년 '1차 왕자의 난'으로 아끼던 두 아들 이방번과 이방석을 잃고 상왕으로 물러난 이성계와 태종 이방원 부자 사이의 정치적 갈등이 절정에 달한 때다. 이성계는 1402년 '조사의의 난'으로 이방원을 퇴위시키려 했으나 실패해 정치·군사적 영향력을 모두 잃었다. 그는 남은 자식들을 보호하고자 했을 것이다.

> 건문(建文) 3년(1401) 신사년(辛巳年) 9월 15일 첩의 소생인 며치(旀致)에게 상속 문서를 작성해 준다. 비록 며치가 나이 어리고 첩에게서 난 여자아이지만, 지금같이 내 나이 장차 70이 되는 마당에 가만히 있을 일만은 아닌 듯하다. 동부(東部)에 있는 향방동(香房洞)의 빈터는 돌아간 재상 허금(許錦)의 것으로 잘 다듬어진 주춧돌과 함께 샀으니, 집은 종을 시켜 나무를 베어다가 짓도록 하여라. 몸채 두 칸은 앞뒤에 툇마루를 하고 기와로, 동쪽에 붙여 지은 집 한 칸도 기와로, 부엌 한 칸도 기와로 잇는다. 술 방 세 칸은 이엉으로, 광 세 칸은 앞뒤에 툇마루를 하고 이엉으로, 다락으로 된 곳간 두 칸은 이엉으로, 안사랑 네 칸도 이엉으로, 서방 두 칸은 앞뒤에 툇마루를 하고 이엉으로, 남쪽에 있는 마루방 세 칸은 앞에 툇마루를 하고 이엉으로 잇는다. 또 다락으로 된 곳간 세 칸은 기와로 이어서 모두 스물 네 칸을, 주춧돌과 함께 구입한 허금 집터의 매매 문서와 함께 상속해 주노라. 영원토록 그곳에서 살도록 하되 훗날에 별다른 일이 있거든 이 상속 문서를 가지고 관청에 신고해서 올바르게 변별하고 자손들이 전해 가지며 오래도록 거주하도록 하여라.[01]

01 〈태조 이성계 별급문서〉 번역문, 국립중앙박물관(www.museum.go.kr).

건문은 명나라 2대 황제 건문제의 연호다. 조선은 명나라의 제후 국가였으므로 황제의 연호를 사용했다. 제후 국가로서 도성, 궁궐, 가옥 등의 규모와 규칙은 《주례(周禮)》 〈고공기(考工記)〉[02]와 《영조법식(營造法式)》,[03] 도량형은 영조척을 따랐다. 건문 3년 신사년은 1401년으로, 태종 이방원이 왕이 된 해다. 태조 이성계가 1394년에 개경에서 한양으로 천도한 뒤 1398년 왕자의 난으로 개경으로 재천도한 때다. "동부에 있는 향방동"은 개경이다. 동부는 조선을 개국하기 전 이성계가 살았던 곳으로, 정몽주가 죽임당한 선죽교가 있다. 허금(1340~88)은 고려 후기 문신으로 예의정랑을 지낸 재상이며, 조선 개국 주역들과 친교가 있던 인물이다. 재신은 정2품 이상의 정무직 재상을 가리킨다. 동부 지역이나 허금의 집터에 대해서 이성계는 훤히 알고 있었을 것이다.

전체 24칸 집이다. 지붕 재료로 구분하면 기와 7칸, 초가 17칸이고, 용도로 구분하면 방 13칸, 부엌 1칸, 광 6칸(술방 3칸), 곳간 5칸이다. 정2품 허금의 집터였던 것을 고려하면 규모가 크지 않다. "잘 다듬어진 주춧돌과 함께 샀"다는 표현은 당시 돌을 다듬는 기술 수준이 낮고 어려웠음을 보여 준다. 주춧돌을 자연석 상

02 《주례》 중 기술서인 〈고공기〉를 가리킨다. 《주례》는 주나라 관제(官制)와 전국시대 제도를 기술한 경서로 알려져 있다. 〈고공기〉에는 도성 축조 원리를 포함한 다양한 기술 관련 내용이 담겨 있는데, 이후 중국을 포함한 동아시아 왕조들의 도성 건설 기준으로 쓰였다.

03 건축을 의미하는 '영조(營造)'의 일정한 방법과 양식을 의미하는 '법식(法式)'이 합쳐진 말로, 당시 정부가 편찬한 총서다. 중국 북송시대 이계(李誡)가 편찬한, (도시)건축 방법과 양식의 기준 또는 표준을 제공한 총서라고 할 수 있다.

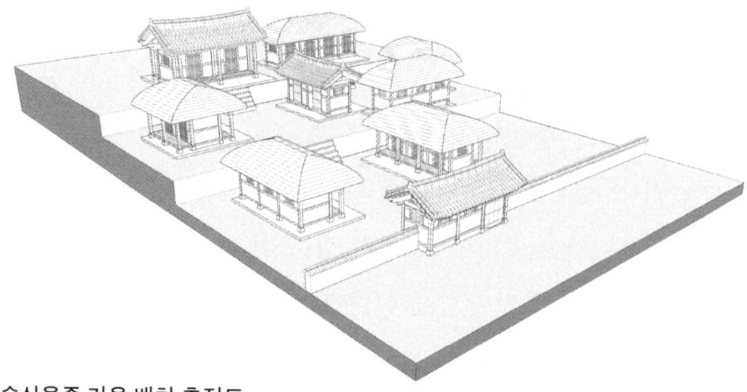

숙신옹주 가옥 배치 추정도.
안채 몸채 2칸(앞뒤 툇칸) 기와집과 서방 2칸(앞뒤 툇칸) 초가집, 동방 2칸 기와집.
사랑채 안사랑 4칸 초가집, 곳간 2칸 초가집, 술방 3칸 초가집.
바깥채 남방 3칸(마루방, 앞 툇칸) 초가집, 광 3칸(앞뒤 툇칸) 초가집.
문간채 곳간 3칸(다락) 기와집.

태로 쓰는 것은 거주자의 미학적인 선택보다 돌을 다루는 기술과 비용의 문제였을 가능성이 크다.

문서에는 안방과 사랑방으로 대표되는 남녀 공간의 구분이 없다. 마루방 3칸을 명명한 것으로 보아 온돌과 마루가 하나의 공간으로 만들어지기 전임을 알 수 있다. 온돌은 조선시대 중·후기에 보편적 난방 방식이 되었고, 고려시대에는 일부에서만 사용되었다. 또한 방 전체를 난방하는 온구들보다 일부를 데우는 쪽구들이 많이 쓰였다. 9개의 개별 동으로 설명하는 것으로 볼 때 꺾임부가 없는 一자형 집이었음을 알 수 있다. 추측건대 중국의 대표 주거인 사합원(四合院)처럼 一자형 집으로 마당을 둘러싼 형태였을 것이다.

무엇보다 왕가의 집인데도 '와개(瓦蓋)'라고 표현한 기와집은 전체 24칸 중 7칸에 불과하다. 몸채와 부엌, 곳간만 기와다. 몸채는 숙신옹주가 거처하는 공간이고, 음식을 조리하는 부엌은 집에서 중요한 공간이며, 곳간은 외부와 만나는 공간이므로 기와집으로 만들었을 것이다. 나머지 동은 규모와 관계없이 '초개(草蓋)'라고 표현한 초가집들이다. 기와는 제작이 어렵고 비용이 많이 드는 재료였으므로 왕가에서도 쉽게 사용할 수 없었을 것이다. 1123년(인종1) 송나라 사절 서긍이 고려 사행을 기록한 《고려도경(高麗圖經)》에서 "부유한 집은 다소 기와를 덮었으나, 겨우 열에 한두 집뿐이다"[04]라고 할 정도로 기와집은 부의 상징이었고, 왕가에서조차 쉽게 지을 수 없었다.

현재 한옥에 대한 일반적인 인식인 기와, 온돌, 대청마루, 꺾임집 등은 조선 초에는 일반적이지 않았다. 왕가와 사대부가 등 특정 계층만 누리는 특수한 문화였다. 게다가 비슷한 유형의 집과 문화를 가지고 있었기 때문에 배타적 의미의 '한옥'이라는 구분은 존재할 수조차 없었다. 초개, 와개 등 지붕을 무엇으로 덮었느냐로 구분했을 뿐이다.

한반도 집의 시그니처가 된 구들과 마루

한옥의 시그니처는 무엇일까? 외국인의 눈으로 본다면 기와일 것이다. 정확하게는 기와를 포함한 거대한 지붕이다. 이는 우리나라에 국한한 것이 아니라 중국 문명권 즉, 동아시아 전근대 건

04 〈《고려도경》, 외국인의 눈에 비친 12세기 고려의 모습〉, 우리역사넷(contents.history.go.kr/).

축물의 특징이다.

시드니 오페라하우스를 설계한 세계적인 건축가 예른 웃손(Jørn Oberg Utzon)이 1962년에 중국의 집을 그린 유명한 스케치 〈중국 가옥과 사원(Chinese houses and temples)〉이 있다. 예른 웃손은 중국의 집을 요즘 유행하는 우드슬랩(wood slab) 테이블처럼 얇은 다리 위에 거대한 원목 상판이 올라가 있는 형태로 인식했다. 예른 웃손의 이 스케치는 전근대 동아시아 건축의 특징을 잘 보여준다. 전근대 동아시아 건축은 기단과 지붕의 중첩된 수 또는 규모로 건축물의 위계를 나타냈다. 또한 주로 석재를 쌓거나 벽을 만들어 집을 짓는 서구와 달리, 동아시아에서는 나무 기둥을 세우고 이를 지붕의 부재들과 결구해 만들었다. 흔히 높은 기단은 궁궐이나 사찰 등에서 주로 사용된다. 그런데 일반 건축물에서 얇은 나무 기둥과 개방된 창호 위에 거대하고 육중한 기와지붕을 올렸으니, 눈에 띌 수밖에 없었을 것이다.

한국에서는 목구조에 기와를 덮은 집을 대체로 한옥이라 부른다. 하지만 실제로 전근대 동아시아의 건축물을 보고 어느 나라 집인지 구분할 수 있는 사람은 흔치 않다. 건축을 전공한 전문가일지라도. 물론 재료의 차이, 공간구성의 차이, 세부적인 장식이나 구법의 차이는 있다. 하지만 약간의 환경과 문화의 차이일 뿐이지, 우리나라에만 있는 원형(Originality)이라고 말할 수는 없다.

동아시아 건축물의 지붕 구조는 크게 두 가지다. 서까래를 주구조로 하는 것과 (대들)보를 주 구조로 하는 것이다. 중국은 두 구조 모두, 베트남은 서까래 중심, 한국은 보 중심으로 발달했다. 물

예른 웃손의 〈중국 가옥과 사원〉 스케치 (출처: Jørn Oberg Utzon, 〈Chinese houses and temples〉, 1962).

봉정사 극락전 단면도.

론, 우리나라에서 가장 오래된 목조 건축물로 여기는 봉정사 극락전에도 서까래 구조의 흔적이 남아 있다.

건축물은 그 시대 문화의 집적체다. 그 시대의 조건과 필요에 따라 선택된 결과물이다. 각 시대를 살아가는 사람들의 필요에 따라 변화하는 것은 필연이다. 그렇다고 해서 자연의 진화처럼 수동적(순응)으로 받아들여 남기는 것은 아니다. 생활 방식, 과학기술의 발달, 법제도 같은 내부 요인과 다른 문화권과의 교류를 통해 도입되는 외부 요인에 따라 변화·발전한다. 산과 구릉지가 많은 지형적 조건과 양반 중심의 신분제라는 내부 요인, 추운 북쪽 지역 문화와 따뜻한 남쪽 지역 문화의 교류로 만들어진 외부 요인의 영향으로 나무 기둥과 보 중심의 가구식 구조에 육중한 기와지붕을 얹은 것이다.

외국인과 달리 한국인이 보는 한옥의 시그니처는 온돌과 (대청)마루일 것이다. 온돌과 마루를 중심으로 한 한옥의 기본적인 공간구성은 안방과 건넌방 사이에 대청마루가 있고, 안방에 붙은 부엌이 있는 4칸 집이다. 부엌은 지금처럼 음식 조리만을 위한 공간이 아니었다. 불이 있는 공간으로서 조리를 포함한 난방, 조명, 창고 등 주거에 필요한 대부분 역할을 담당하는 핵심 공간이었다. 하지만 지역에 따라 부엌의 위치가 달랐다. 추운 지역은 부엌이 방과 방 사이에 있었고, 따뜻한 지역은 안방에 붙어 있었다. ㄱ자 등 꺾임집이라면 추운 지역에는 꺾임부에 부엌이, 따뜻한 지역에는 꺾임부에 안방이 있었다. 전자를 '부엌꺾임집', 후자를 '웃방꺾임집'이라 한다. 서울을 포함한 경기도 지역의 주택은 웃방꺾임집이다. 마루는 추운 지역 또는 눈비가 많은 지역에서는 작거나 없기도 했다.

온돌과 마루의 발달 과정을 움집에서부터 추론해 보면 다음과 같다. 초기 움집은 땅을 파고 나무 기둥을 세우고 갈대나 짚단을 덮은 수혈주거(竪穴住居)였고, 중심에 취사와 난방용 화로를 두었다. 난방 효과를 극대화할 수 있는 화로를 중심에 두고 온돌방이자 마루인 트인 공간에서 함께 생활한 것이다. 수혈주거를 선택한 이유는 출입구를 남쪽으로 내고 저장 구덩이를 사용한 것으로 볼 때, 지표면과 지하의 온도 차를 활용한 지열 이용 때문이었다. 움집 변화의 핵심은 바로 이 같은 공간의 분화라고 할 수 있다. 공간구성으로 구분하면 화로는 부엌, 저장 구덩이는 창고, 트인 공간은 방과 마루다. 즉 움집의 공간 분화는 부엌과 창고라는 기능적 공간을 분리하고, 방과 마루라는 거주 공간을 세분화하는 방식으로 발전했다. 움집은 점차 수혈주거에서 지상 가옥으로 변화했고, 화로와 저장 구덩이를 외부로 돌출시키거나 분리했으며,

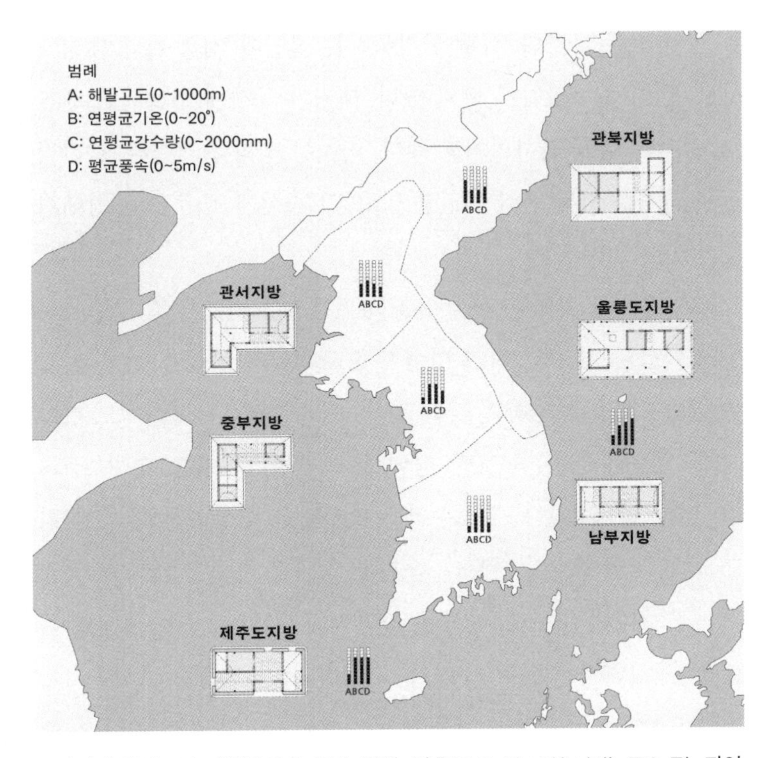

조선시대 한반도의 지방별 가옥 유형. 지형, 기후(기온, 강수량(눈/비), 풍속 등), 자연재료 등 각 지방의 특성을 반영한 가옥 유형인데, 이는 부엌과 마루의 위치 및 유무와 홑집과 겹집 등의 차이로 나타난다. 관서지방 가옥 유형은 꺾임부에 부엌이 있는 부엌꺾임집이다. 중부지방은 꺾임부에 안방이 있는 웃방꺾임집이고, 경기형 민가로 불리기도 한다.

내부 공간을 나누었다. 이에 맞춰 집의 평면 형태는 원형에서 공간 분할에 유리한 직사각형으로 바뀌었다.

수혈주거는 난방 효과는 있으나 물과 습기, 그리고 뱀 등 야생동물의 공격에 취약하다. 동아시아에서 집을 뜻하는 글자로 '집 가(家)'를 가장 많이 사용한다. 가(家)는 '집 면(宀)'과 '돼지 시(豕)'

를 합쳐 만든 글자다. 사람이 거주하는 집인데 '지붕 아래 돼지가 사는 곳'이라는 의미가 담겨 있다. 돼지는 독사에게 물려도 괜찮고, 심지어 뱀을 잡아먹기도 한다. 돼지는 뱀의 천적이다. 울타리 안에 돼지를 키워 뱀의 침입을 막고, 그 중심에 집이 있는 형태가 집이었을 것이다.

물과 습기를 피하는 가장 쉬운 방법은 지표면에서 멀리 떨어지는 것이었다. 하지만 짓기 어렵고 오르내리기 힘들며, 온돌과 같은 난방시설을 설치하는 것은 불가능에 가까웠다. 그런데도 가야 시대 〈집모양 토기〉를 보면, 땅에서 높이 띄워 지은 고상주거(高床住居)임을 알 수 있다. 고상주거는 원두막을 상상하면 쉽다. 한반도 남부 지역에는 난방보다 습기를 피하고 통풍이 잘되는 공간이 필요했다는 뜻이다. 난방은 움집과 같이 화로 등의 형태로 해결할 수 있었기 때문일 것이다. 고구려의 한 기록은 고상주거를 "《진서(晋書)》 〈사이전 숙신조(四夷傳 肅愼條)〉에 '숙신 씨는 다른 이름으로 읍루이다. 사람들은 깊은 산골짜기에 살았는데, 거마(車馬)가 다닐 수 없었고, 여름에는 소거(巢居)에 살고 겨울에는 움에 살았다'고 하였다. 이 기록의 소거(巢居)는 바로 고상주거를 말하며, 겨울에는 움에 살다가 여름에는 소거에 산다고 하는 것으로 보아, 소거는 쉽게 지을 수 있는 집"[05]이라고 한다. 겨울 집과 여름 집, 난방과 냉방이 되는 집을 계절에 따라 사용했던 것으로 보인다.

05 주남철, 《한국건축사》, 고려대학교 출판문화원, 2006. 47쪽.

고상주거 형태의 가야 〈집모양 토기〉(출처: 국립김해박물관).

마루 이전에 방전이 깔려 있었던 부석사 무량수전(출처: 《조선고적도보》, 1933).

고대 한반도 북부지역에는 중국에서 캉(炕) 또는 훠캉(火炕)이라고 부르는 쪽구들이 발달했다. 캉은 불을 때 직접적인 열원으로 데우는 일종의 돌침대다. 옥저, 발해, 고구려 등 한반도 북부와 중국 동부에서 구들이 발굴된다. 온돌 사용이 확대되는 시기는 고려시대이고 이 시대 유적에서 전면 구들이 발굴되지만, 대부분은 쪽구들이었다. 따뜻한 지역에서는 습기를 피하는 것이 중요하고 추운 지역에서는 난방하는 것이 중요했을 테니 지극히 당연한 집의 적응 과정이다.

한편, 고대 한반도 남부에서는 마루가 발달했다. 마루는 사람의 머리와 같은 어원을 가지고 있으며, 산마루의 마루처럼 '높다'는 뜻이 있다. 고상주거의 '고상'이 높게 지었다는 뜻이니, 고상은 마루와 비슷하다. 예를 들어, 《춘향전》에서 변사또가 마루에 앉아 흙바닥에 춘향을 주저앉히고 수청을 들라 하는 것은 마루라는 공간이 높은 곳으로서 위계를 가지고 있기 때문이다. 이처럼 마루는 점차 위계를 가진 관념적인 공간으로 변화했지만, 그 존재의 시작은 물과 습기를 피한다는 기능적인 필요 때문이었다. 그러다 마루는 '대청'과 만나면서 큰 변화를 겪는다.

대청마루의 대청(大廳)은 그 자체로 큰 마루라는 뜻으로 사용하지만, 대청은 원래 마루를 뜻하는 용어가 아니다. 대청은 홀(Hall)이나 로비(Lobby), 또는 거실을 뜻한다. 경복궁 근정전, 창덕궁 인정전의 내부는 대청이지만 마루가 깔려 있지 않다. 방전(方塼)이라는 정사각형의 검정 벽돌이 깔려 있다. 고려시대를 포함한 이전 시대에는 건물 내부 바닥에 대부분 방전을 깔았다. 고려 중기

캉(炕)으로 불리는, 중국 동북부 지역에 발달한 쪽구들(출처: inf.news/ essay).

고려 중기 강화도 선원사지 동쪽 건물터의 쪽구들 유적(출처: 2001년 동국대 박물관 발굴).

건물인 부석사 무량수전이 대표적이다. 무량수전은 현재 마룻바닥이지만, 문화재 보수를 위해 해체했을 때 바닥에 방전이 깔려 있던 것이 확인되었다. 입식 생활을 하는 동아시아의 주택들에는 지금도 여전히 방전이나 타일 등을 깐다.

따라서 '온돌과 마루'가 한옥의 시그니처가 아니라, 온돌과 마루, 대청과 마루라는 이미 존재하던 다른 문화가 만나 각 시대의 필요에 적응하며 만든 주거 문화가 시그니처라 할 수 있다. 각각 발달한 온돌과 마루 문화는 하나의 거주 공간에서 개별 건물로 만나고 한 건물로 결합하는 과정을 거쳤다. 습기를 피하면서 방 전체를 난방하는 전면 구들을 만들기 위해서는 방의 높이를 높이고 좌식 생활을 해야 했다. 하지만 방전을 깐 대청은 방과 높이가 달라 입식 생활을 해야 했다. 그래서 마루로 높이를 맞춰 좌식 생활 공간으로 통합하는 방식으로 발전했다고 볼 수 있다. 그 결과가 성격이 다른 둘의 조합으로 만들어진 대청마루다.

남녀칠세부동석으로 내외하는 집

한국 사람이라면 누구나 '남녀칠세부동석(男女七歲不同席)'이라는 말을 들어 봤을 것이다. 하지만 왜, 어떻게 만들어진 말인지 아는 사람은 흔치 않을 것이다. '옛날에는 그랬나 보다' 하는 정도. 그런데 7세가 되면 남녀는 왜 같이 앉아 있으면 안 되는 걸까? 상식적으로 이해할 수 없다.

이 말은 유교 오경(五經) 중 하나인 《예기(禮記)》의 〈내칙(內則)〉에서 유래했다. 경전인데도 예경이 아니라 《예기》라고 쓴 이유는 공자 이후에 제자들이 예에 대한 기록에 주석을 달아 잡다하게 모은 체계가 없는 내용이기 때문이다. 예기는 크게 통론(通論), 제도(制度), 세자법(世子法)으로 나뉘고, 〈내칙〉은 그중 세자법에 있다. 공자가 살았던 춘추시대는 남녀 간의 문란한 관계 때문에 많은 문제가 발생했다. 특히 왕실 내분 등의 문제가 발생했는데, 남녀칠세부동석은 이를 막기 위한 안전장치였다.

한반도에는 고려시대에 도입되어 조선 중기 이후 사회 전반에 영향을 미쳤다. 특히 돗자리나 이부자리를 뜻하는 '(돗)자리 석(蓆)'을 앉는 자리를 뜻하는 '(앉을)자리 석(席)'으로 확대 해석하면서 그 의미와 내용이 변질되었다. 어느 정도로 큰 영향을 끼쳤는지 알 수 있는 대표적인 사례가 목욕 문화의 변화다.

잘 알려져 있듯이, 한반도의 목욕 문화는 예로부터 유명했다. 북송의 황제 휘종(宣和) 연간(1123)에 보낸 사신이 고려를 방문해 기록한 글과 그림인 《선화봉사고려도경(宣和奉使高麗圖經)》은 "고려인들이 하루에 서너 차례 목욕을 했고, 개성의 큰 내에서 남녀가 한데 어울려 목욕을 했다"[06]라고 적고 있다. 《선화봉사고려도경》이 송나라 사람의 시선으로 고려인을 비하하는 듯한 내용이 있지만, 남녀가 함께 목욕을 즐긴다는 사실을 왜곡하지는 않았을 테니 남녀칠세부동석과는 거리가 멀었다고 볼 수 있다. 사극에서처럼, 옷을 입은 채 혼자 목욕하는 모습은 조선시대에 국한된 문화라고 할 수 있다. 조선시대에는 "유교 문화의 영향으로 남녀의 혼

06 한은희, "대중화된 풍속으로 자리 잡은 목욕 문화", 〈우리 선조의 목욕 문화〉, 문화재청(www.cha.go.kr/).

욕과 알몸 노출 목욕을 불온한 행위로 간주하여 황실이나 양반들은 목욕 전용 옷을 걸치고 전신욕"[07]을 했고, 시간이 흐르면서 이런 목욕 문화가 일반화되었다.

고려시대까지는 남녀 간에 내외(內外)하는 관습이 일반화되지 않아 비교적 자유롭게 자리를 함께할 수 있었다. 하지만 조선시대에는 남녀 간의 자유로운 접촉을 관습과 제도로 금했다. 남녀의 공간을 안채와 사랑채로 분리했고, 안채의 여자가 바깥채의 외간 남자를 보지 못하도록 담을 쌓았다. 이 또한 남녀칠세부동석과 마찬가지로 《예기》 〈내칙〉의 "예는 부부가 서로 삼가는 데서 비롯되는 것이니, 궁실을 지을 때 내외를 구별하여 남자는 밖에, 여자는 안에 거처하고, 궁문을 깊고 굳게 하여 남자는 함부로 들어올 수 없고, 여자는 임의로 나가지 않으며, 남자는 안의 일을 말하지 않고, 여자는 밖의 일을 언급하지 않는다"[08]란 구절에서 연원한다. 남녀의 자율성을 전제로 부부 사이의 예의와 역할에 따른 공간 분리를 규정하는 관습 정도의 성격이었지만, 조선시대에는 행동 규제법으로 확대 적용되었다. 그리고 조선 후기에 이르러 '내외'는 당연히 지켜야 할 도리이자 규범으로서 남녀와 신분의 차별을 만들어 냈고, 이는 주거 문화에 고스란히 반영되었다.

고려 말의 주택으로 추정되는 맹씨행단, 조선 중기 임진왜란

07 한은희, "조선시대 유교사상 '알몸전신욕'은 예의에 어긋나는 행위로 간주", 〈우리 선조의 목욕 문화〉, 문화재청(www.cha.go.kr/).

08 〈내외(內外)〉, 《한국민족문화대백과사전》, 한국학중앙연구원(https://encykorea.aks.ac.kr/).

이전에 지어진 몇 안 되는 주택인 향단, 조선 후기 상류 주택의 유형이라 볼 수 있는 창덕궁 후원의 연경당으로 조선시대 주택의 내외 과정을 살펴보자.

현재 한국에 있는 한옥의 다수는 일제강점기에 지어진 것이고, 나머지는 임진왜란 뒤인 조선 중·후기에 지어진 것이다. 그 이전 시기의 한옥은 드물게 있을 뿐이고, 특히 주택은 찾아보기 힘들다. 임진왜란 이전에 지어진 주택들이 모여 있는 양동마을과 하회마을은 이런 의미에서 희소가치가 높다. 따라서 현재 일반적으로 알고 있는 주거 문화는 대부분 조선 중·후기 이후의 것이라고 할 수 있다.

그중 맹씨행단은 조선에서는 찾아보기 힘든 독특한 집이다. 전면 4칸, 측면 3칸에 工자형 평면을 한 북향집(중건 전 서북향)이다. 산세를 따라 지형에 맞게 조성한 것으로 보인다. 홑집과 겹집이 혼합된 공간구성이며, 양쪽의 낮은 맞배지붕 위에 높은 맞배지붕을 얹은 工자형 평면으로서 팔작지붕이 일반화되기 전의 지붕 형태를 하고 있다. 기단은 자연석으로 한 단을 소박하게 만들었다. 여러 차례 중건했기 때문에 지어졌을 당시의 규모나 배치를 정확하게 추정할 수는 없으나, 부엌채와 행랑채 등이 본채 앞마당에 구성되어 있었을 것이다. 또한 안채와 사랑채가 명확하게 구분되는 공간 구조가 아니었을 것이다.

향단은 맹씨행단과 같은 工자형 평면의 변형으로, 양쪽에 길고 낮은 맞배지붕을 만들고 그 위에 높은 맞배지붕 3개를 얹은 형태다. 고려시대부터 이어져 온 건축 유형이라고 할 수 있다. 工자형

맹씨행단 / 고려 말(1392년 이전).

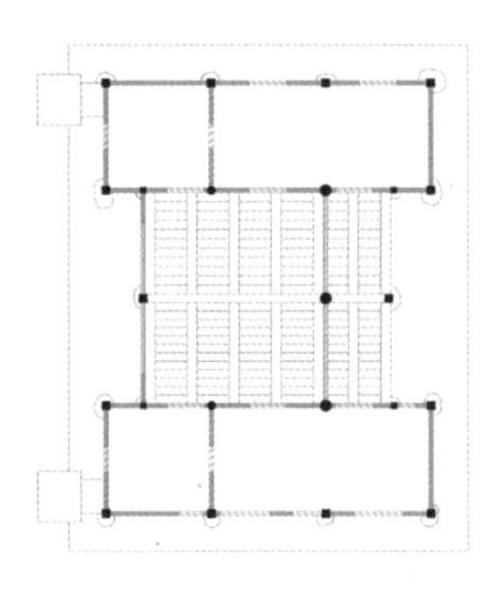
맹씨행단 평면도.

향단 / 조선 중기(1553년 이전).

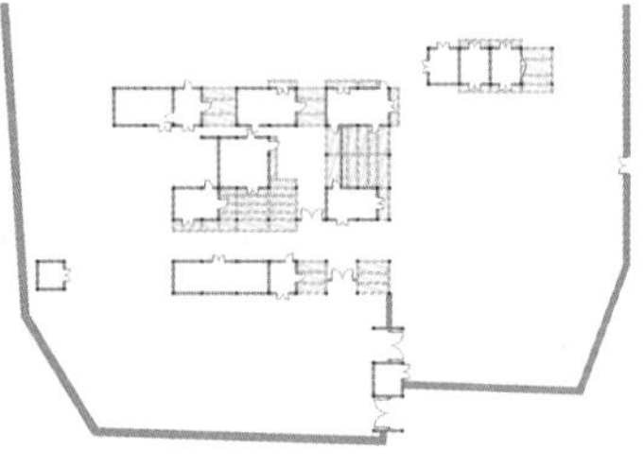
향단 평면도.

연경당 / 조선 후기(1828).

연경당 평면도.

평면은 팔작지붕과 비슷한 형태로 만들어지지만, 추녀가 없어 부재가 덜 들고 짓기가 쉽다. 맹씨행단에 비해 행랑채가 커졌고, 대청마루가 크고 많아졌다. 넓은 안마당과 정형의 내부 마당 등이 만들어졌다. 기단이 높아지고 안채와 행랑채의 규모가 달라졌으며, 안채와 사랑채, 행랑채의 공간적 구분이 만들어졌다.

연경당은 안채와 사랑채의 기단을 3단으로 쌓아 공간적 위계의 차등을 강화했고, 안채와 사랑채 사이에 높은 담장을 쌓아 명확하게 구분했다. 사랑채를 팔작지붕에 누마루 형태로 전체 공간에서 가장 화려하게 만들었다. 연경당은 사랑채의 명칭이자 공간 전체의 명칭이기도 할 정도로 남성 공간 중심으로 변화했다.

요약하면, 시대가 흐를수록 점차 안채와 사랑채 그리고 행랑채의 분리가 강해진다. 一자형에서 ㄱ자형 꺾임집으로 복잡한 구조로 변화하고, 정형화된 여러 개의 마당이 만들어진다. 사랑채의 규모가 커지고 화려해진다. 그리고 기단의 단수 차이와 3량과 5량 구조의 차이로 공간의 위계가 강화된다. 양반 남자와 여자, 하인의 공간으로 분리가 강화되고 기단과 규모로 신분에 따른 공간적 위계가 강화된다. 남성 공간인 사랑채의 규모가 커지고 화려해진 것이다. 조선시대 주거 문화, 특히 현재까지 남아서 문화재로 지켜지는 양반가의 주택은 남녀칠세부동석을 지배 이데올로기로 활용한 왕가와 위정자, 양반, 남성이 승리한 결과물이다.

연암 박지원의《열하일기》

《열하일기(熱河日記)》는 사절단의 기록이 아니라 경호원의 일기다. 연암은 사절단의 수장이었던 친척 형 박명원의 경호원(자제군관) 역할로 연행을 따라간다. 연암 박지원은 호기심이 많고 의지가 강한 사람이었다. 그가 강조한 '이용후생(利用厚生)'에도 그런 성품이 잘 드러난다. 연암뿐 아니라 실학자들은 이용후생을 강조했다. 하지만 이용후생은 실학자들이 만들어 낸 개념이 아니다. 이용후생은 《서경(書經)》에 나오는 "정덕이용후생유화(正德利用厚生惟和)"에서 유래했다. '이용'은 주로 기술이나 제도, '후생'은 구체적인 의식주를 뜻한다. 정덕이용후생유화는 '덕을 바로잡기 위해서는 삶과 생활을 두텁게 해야 한다'는 뜻이다.

연암은 《열하일기》에서 압록강 건너 중국 구련성(九連城)에 있는 한 도시의 일상 공간을 보고 감탄하며, "'이용'이 있은 뒤에야 후생이 될 것이요. 후생이 된 뒤에야 정덕을 이룰 수 있을 것이다. 이롭게 사용할 수 없는데도 삶을 도탑게 할 수 있는 건 세상에 드물다. 그리고 생활이 넉넉지 못하다면 어찌 덕을 바르게 할 수 있겠는가"[09]라고 쓴다. 연암은 《열하일기》를 통해 진보적인 시각으로 조선의 문제점을 지적했고, 이는 조선 사회에 큰 논란을 불러일으켰다.

연암은 《열하일기》에서 도시(마을), 지붕, 온돌, 재료(벽돌) 등 크게 네 가지 부분의 문제를 지적한다. 첫째, 청나라의 도시와 마을에 대해 "여염집들은 모두 오량집처럼 높다. 띠풀로 이엉을 했다. 등마루는 훤칠하고 대문은 가지런히 정돈되어 있다. 거리는

09 연암 박지원, 고미숙·길진숙·김풍기 옮김, 《열하일기 上》, 북드라망, 2019, 77쪽.

평평하고 곧아서 양쪽 길가로 먹줄을 친 듯하다. 담은 모두 벽돌로 쌓았다"[10]라고 구체적으로 소도시의 도시계획 체계를 기록한 뒤, "소 외양간이나 돼지우리까지 모두 법도 있게 깔끔하다. 땔감 쌓아 놓은 것이나 두엄더미까지도 그림처럼 곱다"[11]라며 감탄한다.

조선은 《주례》〈고공기〉가 전하는 격자형 도시 체계인 조방제(條坊制)[12]를 적용하지 않아서 정돈된 도시가 되기 힘들었다. 중국과 달리 산과 구릉지가 많은 지형적 조건 탓에 부득이한 선택이었을 것이다. 한양의 경우, 궁성과 육조거리 등을 제외하면 구릉지를 따라 무작위로 확장하는 자연발생적 도시였으므로 중국의 도시와 차이가 있었다. 또한 《산림경제(山林經濟)》는 집터를 정하는 원칙으로 "대체로 사찰이나 사당·신당·불당 옆, 또는 고관이나 재벌들이 사는 옆, 혹은 앞뒤로 큰 강이 가까운 곳, 초가집이 다닥다닥 붙어 있는 곳, 불량한 무리의 소굴이 되고 있는 곳, 광대들이 섞여 사는 사이, 젊은 과부나 건달들이 사는 근처는 모두 살 곳이 못 된다"[13]라고 제시한다. 대부분 물리적 환경이 아니라 지역의 문화적 특수성에 관한 것이다. 맹모삼천지교(孟母三遷之教)처럼 주위 환경의 중요성을 강조할 뿐이다. 따라서 연암의 감탄은

10 연암 박지원, 같은 책, 68~69쪽.

11 연암 박지원, 같은 책, 77쪽.

12 동아시아 전근대 시기의 도시 가구(街區) 구획 방법으로서 바둑판처럼 동서남북으로 도로를 배치하는 것이다. 도로로 둘러싸인 정사각형 모양의 가구(서양식 도시계획에서는 '블록')를 방(坊)이라고 한다.

13 유암(流巖) 홍만선(洪萬選), 《산림경제》, 한국학술정보, 2008, 9~10쪽.

백성의 이용후생을 위한 계획적이고 공공적인 관심, 지원, 제도 등이 부족한 조선의 도시 건축에 대한 비판이라고 할 수 있다.

둘째, 청나라와 조선의 지붕을 비교하며 청나라의 기와는 "모양은 완전히 동그란 대나무 통을 네 쪽으로 쪼개 놓은 것 같고 크기는 두 손바닥만 하다. 일반 민간에서는 원앙와를 쓰지 않"는다고 말한다. 기와가 작고 암수로 구분된 원앙와가 아니어서 기와를 설치하는 작업과 공정이 수월하다는 것이다. 직접 집을 지을 수 없거나, 경제적으로 여유가 없는 백성들의 고민에 대한 대안이라 할 수 있다. 그리고 "서까래 위에는 산자널 지붕 서까래 위에 까는 널판을 엮지 않고 돗자리를 여러 겹 펼쳐 놓기만 한다. 그런 뒤에 바로 기와를 덮을 뿐 진흙을 깔지 않는다"[14]라며 기와 아래 옥개부의 방식을 구체적으로 기술한다. 기와 밑에 엄청난 양의 흙을 넣기 때문에 그 하중으로 발생하는 조선집의 구조적 문제에 대한 지적이다. 또한 이런 조선집 옥개부의 구법은 지붕 안에 공간을 만들기 때문에 "바람이 들어오고 비가 샌다. 참새가 구멍을 뚫고 쥐가 숨어 살게 되며, 뱀이 똬리를 틀고 고양이가 헤집고 다니는 근심을 어쩌지 못하게 된다"[15]라고 여러 차례 반복해 문제를 지적한다. 박제가도 《북학의(北學議)》에서 연암처럼 조선집의 지붕 문제[16]를 제기한다. 《북학의》는 《열하일기》와 달리 기술서처럼 쓰였는데, 〈내편〉의 '기와' 장에서 조선집 지붕의 구조, 공

14 연암 박지원, 고미숙·길진숙·김풍기 옮김, 《열하일기 上》, 북드라망, 2019, 89~92쪽.

15 연암 박지원, 같은 책, 89~92쪽.

정, 부자재의 특성 등을 자세히 다룬다.

한옥은 주초석 위에 목재 기둥을 '그렝이질'해 세우고, 기둥과 기둥을 목재 장여와 도리, 보로 연결하는 방식이다. 그렝이질은 주초석의 모양을 따라 모든 기둥을 깍아 만드는 맞춤 제작(Customizing) 방식으로 이루어진다. 기둥과 장여, 도리, 보의 연결 부위도 기둥 상단을 맞춤 제작으로 깎아 결구한다. 모든 부위가 일체화되는 구조가 아니라, 움직이는 힌지(Hinge) 구조다. 이런 힌지 구조는 삼각형(Three Hinge System)을 이룰 때 구조적 안정성을 갖는다. 그래서 힌지 구조에는 벽에 가새(Bracing)라는 사선의 부재를 설치한다. 하지만 한옥 벽에는 이런 부재가 없다. 이 문제를 보완하는 방법이 바로 지붕을 무겁게 해 결구 부위에 마찰력을 키우는 형태였을 것이다. 따라서 한옥은 기둥과 장여, 도리, 보를 연결한 뒤에 벽을 만들지 않고, 서까래와 흙을 얹고 기와를 덮어 지붕을 완성한 뒤에 인방(기둥과 기둥 사이, 또는 문이나 창문 아래나 위로 가로지르는 나무)과 창호 등을 넣어 벽을 완성한다.

사실 기와는 부수적인 문제다. 기와는 흙을 구워 만들므로 무거운 데다 제작 자체가 어렵다. 게다가 기와는 일부 왕가와 사대부가 정도에서 사용했기 때문에 사회 전반의 문제가 되지 않았을 것이다. 한옥 지붕의 실제 문제는 '회첨'으로 불리는 지붕의 마당

16 "기와가 크다고 좋은 것이 아니다. 수키와를 사용하지 않는 것도 무방하다. 기와가 크면 만곡도가 커서 회를 바를 데가 반드시 많아진다. 현재 우리나라에서는 기와의 위아래에 모두 흙을 채운다. 그래서 지붕이 너무 무거워 기울기 쉽다. 게다가 여러 해가 지나면 흙이 빠져나가 기와가 떨어진다." 박제가, 안대회 교감 역주, 《북학의》, 돌베개, 2013, 91쪽.

옥개(지붕)부의 명칭.

쪽 꺾임부의 하부 기둥이 썩고 지붕 전체가 내려앉는 것이다. 회첨 부위는 기와와 흙의 하중이 크고, 암키와와 수키와를 연결해 빗물이 흐르는 골을 만들기 때문에 누수가 발생하기 쉽다. 물론 한반도의 기후 특성으로 볼 때, 두텁게 올린 흙이 비효율적일 수는 있지만 단열 기능을 했을 것이다. 하지만 이런 이유만으로 구조적 문제가 있는 지붕 구법을 유지하는 것은 비합리적이다.

최근 들어 암키와와 수키와를 합친 기와가 만들어지고, 시멘트 기와나 동기와 등 새로운 재료로 만든 기와가 사용되고 있지만, 여전히 전통적이지 않다고 비판받기도 한다. 지붕에 흙을 없애고 단열재를 넣는 방식으로 한옥을 짓기도 하지만, 이 또한 전통적인 방식이 아니라고 비판받기도 한다. 이런 비판의 기저에는 암·수키와를 합친 기와와 흙을 뺀 지붕 구조가 일본에서 오래전에 시작된 것이란 생각이 있다.

셋째, 조선 온돌의 여섯 가지 문제점[17]을 지적한다. 그러나 그 내용이 균질하지 않고 체계가 없다.

박제가는 《북학의》에서 "비천한 백성이 초가집을 엮느라 10년 동안 들이는 비용이 기와를 얹는 것보다 많다,"[18] "우리나라 1천 호가 사는 마을이라도 반듯하여 살 만한 집을 한 채도 찾아볼 수 없다"[19]라며 조선시대 백성의 가옥과 마을 문제를 비판했다. 이 짧은 문장에서 조선시대 지배층이 백성의 삶에 얼마나 관심이 없었는지를 확인할 수 있다. 이는 조선시대 내내 백성의 주거 문제가 개선되지 않은 이유이기도 하다. 또한 "백성들은 살아오면서 눈으로는 반듯한 것을 보지 못했고, 손에는 정교한 기술을 익히지 못했다. 온갖 분야의 장인과 기술자들이 모두가 이 가운데 배

17 "진흙을 이겨서 귓돌을 쌓고 그 위에 돌을 얹어서 구들을 만들지. 그 돌의 크기나 두께가 애초에 가지런하지 않으니 조약돌로 네 귀퉁이를 괴어서 뒤뚱거리지 않게 할 수밖에 없지. 그렇지만 불에 달궈지면 돌이 깨지고, 발랐던 흙이 마르면 늘상 부스러지네. 그게 첫 번째 문제야. 구들돌 표면이 울퉁불퉁해서 움푹한 데는 흙으로 메워서 평평하게 하니, 불을 때도 골고루 따뜻하지 못한 게 두 번째 문제점이야. 불고래가 높은 데다 널찍해서 불길이 서로 맞물리지 못하는 게 세 번째 문제점이지. 또 벽이 부실하고 얇아서 툭하면 틈이 생기지 않나? 그 틈으로 바람이 새고 불이 밖으로 내쳐서 연기가 방 안에 가득하게 되는 게 네 번째 문제점이야. 불목이 목구멍처럼 되어 있지 않기 때문에 불길이 안으로 빨려 들어가지 않고 땔감 끝에서만 불이 타오르는 게 다섯 번째 문제점이야. 또 방을 말리려면 땔감 백단은 때야 하는 데다 그 때문에 열흘 안에는 입주를 못 하니, 그것이 여섯 번째 문제점일세." 연암 박지원, 고미숙·길진숙·김풍기 옮김, 《열하일기 上》, 북드라망, 2019, 129~30쪽.

18 박제가, 안대회 교감 역주, 《북학의》, 돌베개, 2013, 71쪽.

19 박제가, 같은 책, 103쪽.

출되었으므로 모든 일이 형편없고 거칠며, 번갈아들며 그 풍습에 전염되었다"[20]라는 문장을 통해 기술을 천대하는 조선의 문화를 확인할 수 있다.

박제가의 말처럼, 조선의 실학자들은 백성의 주거 개선이 풍습과 풍속으로 보편화되기를 바랐다. 그러나 이런 바람이 지금의 한옥에 이루어졌는지는 의문이다. 이제라도 풍습, 풍속, 전통이라는 이름으로 이어져 온 인습을 개선해 현재의 필요에 맞는 주거로 적응할 수 있도록 돕는 것이 지식인, 전문가, 건축가의 역할이고 의무이지 않을까.

고인 물이 된 집

조선을 건축한 태조 이성계는 사랑하는 딸에게 기와집이 아니라, 대부분 초가로 만든 집을 하사했다. 권력이 없어서였을까, 경제적으로 어려워서였을까? 아니면 검소한 삶을 추구한 유교적 이념 때문이었을까? 확실하게 답할 수는 없다. 하지만 적어도 현재의 한옥처럼 구현할 수 있는 기술이 없었고, 삶의 방식이 달랐기 때문이라고 생각할 수 있다.

제주도의 전통 주거는 상방과 고방 등 마루방이 대부분이고, 일부 방만 구들이다. 구들은 부엌(정지)에서 불을 때는 온돌 방식이 아니라, 북쪽 지역의 캉과 같이 독립된 바닥을 데우는 방식이다. 그리고 비바람이 센 제주도의 기후를 견디기 위해 제주도에

20 박제가, 같은 책, 104쪽.

흔한 현무암으로 담을 쌓았고, 볏짚이 아니라 한라산 기슭에 많은 새(茅, 띠)로 초가를 만들었다. 보통의 한옥보다 제주도의 전통가옥이 태조 이성계가 숙신옹주에게 하사한 집에 더 가깝다. 모두 그 지역의 기후와 재료 그리고 기술로 만든 집들이다. 하지만 이 또한 한옥이라고 부르지 않는다.

태조 이성계의 별급문서가 쓰인 1401년과 연암 박지원이 《열하일기》를 쓴 1780년 사이의 379년은 가옥에 큰 변화가 있었던 때다. 대표적으로 조선 중기 한옥의 시그니처인 '마루와 온돌'이 결합한 가옥이 일반화되었다.

조선 초는 백성들의 기저에 깔린 불교 중심의 고려 문화와, 유교 중심의 새로운 통치 체계를 만들어야만 하는 지배층의 의식이 충돌할 수밖에 없었다. 먼저 백성의 삶을 안정적으로 만들어야 했다. 하지만 왕권 강화 또는 신권 강화로 신분제가 강화되고 백성의 삶은 뒷전이 되었다. 왕과 양반은 고인 물이 되었고, 조선의 건축은 발전하지 못했다. 조선의 건축은 장점을 계승하고 단점을 개선하며 발전했다기보다 고착된 형태로 유지된 것에 가깝다. 조선 후기에 연암 박지원이 《열하일기》에서 벽돌 같은 규격화된 부자재의 도입 등을 강조한 이유는 백성의 삶을 뒷전에 두었던 시대적 상황을 반영한 것이었다. 연암을 비롯한 실학자들이 주장한 이용후생은 '백성의 삶을 돌보는 것이 올바른 정사(통치)'에 다름 아니었다.

조선시대 가옥을 왕가와 양반가를 위한 팔작지붕의 기와집으로 보면 발전했다고 할 수 있다. 정확하게는, 누마루가 있는 팔작지붕의 화려한 기와집은 남성의 사랑채로 발달했으니 남자 성인 양반을 위한 가옥으로 발전했다고 할 수 있다. 현재 국가가 문화재로 지정해 보존하는 가옥의 대부분은 조선 후기 남성 양반의 집이다. 지금, '한옥'이라는 단어가 이런 집으로 인식되는 이유다.

수십 년 이상 된 집들을 농촌에서 여전히 찾아볼 수 있다. 슬레이트, 함석, 동기와 같은 새로운 재료로 지붕을 덮고, 현대적인 삶의 필요에 따라 공간을 바꾼 집들이다. 그러나 이런 집들을 전통 가옥이나 한옥이라고 부르지 않는다. 부정적 의미의 '재래(在來)'나 장소적 의미의 '농가'라는 수식어를 주택 앞에 붙인다. 오히려 기와지붕의 일본식 집을 한옥으로 부르는 경우가 더 많다. 주거를 공동체가 오랜 기간 형성한 문화라고 인식하지 않기 때문이다.

주거, 마을, 도시는 공동, 마실, 시장처럼 사람들이 모여 살면서 만든 문화적 단위다. 하지만 한국 사회에서 이 단어들은 물리적 환경만을 의미하게 되었다. 주거, 마을, 도시에 담긴 의미를 되찾기 위해서는 권력자들이 만드는 형식이 아니라, 일상을 살아가는 사람들의 현실을 되돌아보아야 한다. 그리고 집이 사는(buy) 것이 아니라 살아가는(living) 곳이 되려면, 고인 물이 아니라 삶의 필요에 따라 변화하는 흐르는 물이 되어야 한다. 개인의 필요에 따른 선택과 개인의 집합을 바탕으로 마을, 지역, 도시가 만들어 가는 문화 집적체로서 집은 발전한다. 그리고 이 과정에서 새로운 문화와의 충돌, 그리고 이에 적응하며 벌어지는 절충과 실험으로 집은 진화한다.

이양의 시대

2

민족 정체성을 위한 (조선)집

1800년대 말 조선 바다에 그동안 보지 못한 이상한 배, 곧 '이양선(異樣船)'이 왔다. 1876년 개항 이후에는 부산, 원산, 인천과 한반도의 중심인 한성(서울)에 이양 건축물이 많이 지어졌다. 조선집을 이양 건축물(양옥, 일옥)과 구분하기 위해 '한옥'이라는 말이 생겨났다. 역사상 처음으로 다른(이상한) 주거 및 주거문화와 비교가 가능해진 시기로 '이양의 시대'로 부를 수 있다. 개항부터, 조선인이 도시한옥을 개발하기 시작한 1920년 전까지의 시기다.

1876년 조일수호조규(강화도 조약)로 조선의 항구가 외국에 열렸다. 1876년 부산을 시작으로 1880년 원산, 1883년 인천 순으로 조선의 항구로 신문물이 들어오기 시작했다. 외국인들은 조선 땅에 외국 건물을 지었고, 조선인들은 이를 조선집과 '다른 모양의 집'이라는 뜻의 '이양(異樣)'으로 불렀다. 조선은 주변의 중국이나 일본 정도와 주로 교류하고 있었으므로, 전혀 다른 인종과 전혀 다른 형태의 건물을 보면서 충격을 받았을 것이다. 따라서 이양은 다른 모양의 집이라는 느낌보다 '이상한 사람들의 이상한 집'으로 받아들여졌을 가능성이 크다.

개항 이전 조선의 집 담론에 관해서는 실학자들이 청나라 연행을 다녀와 상소를 올리고, 박지원의 《열하일기》나 박제가의 《북학의》와 같은 연행록을 간행한 것이 전부라 해도 지나치지 않다. 그러다 개항 이후 이양 건축물이 한성 곳곳에 지어지기 시작했다. 대표적으로 1885년 러시아공사관, 1897년 프랑스공사관, 1905년 벨기에공사관 등 외국 공사관이 지어졌다. 그리고 매클레이(Maclay, R.S.)·알렌(Horace Newton Allen)·아펜젤러(Henry Gerhard Appenzeller)·언더우드(Horace Grant Underwood) 등 선교사가 한성에 1886년 경신학교, 1887년 배제학당, 1887년 시병원(施病院, Universal Relief Hospital), 1898년 정동교회 등을 지었다. 특히 이양 건축은 선교사와 공사관이 모여 있는 정동 지역에 집중되었다. '한옥(韓屋)'이라는 용어가 1908년 정동 지역 지도에서 처음으로 나타난 이유다.

조선 후기 실학자들이 청나라의 신문물을 수용하기 위해 쓴 '개물성무 화민성속((開物成務 化民成俗)'[01]은 '개화'로 줄여 사용되었다. 대표적으로 개화당(The progressive Party)은 개화 개념을 이용해 봉건적 수탈과 신분제 폐지 등 통치 체제 전반의 개혁을 주장했다. 급진개화파와 온건개화파 사이에 차이가 약간 있었지만, 개화는 새로운 기술과 제도를 도입해 풍속을 진보시키겠다는 계몽적 개념이었다. 급진개화파는 청나라로부터의 독립과 조선의 개화를 목표로 1884년 갑신정변(甲申政變)을 일으켰다. 갑신정변은 북촌 지역에서 일어났고, 정변을 주도한 김옥균, 홍영식, 서광범, 서재필은 북촌 지역에 거주하고 있었다. 이들은 1880년대 초

01 《주역(周易)》의 총론에 해당하고 삶과 정치사상의 지침서라고 할 수 있는 〈계사(繫辭)〉에 나오는 말이다. '모든 사물을 깊게 연구·경영해 날로 새롭게 하고, 새로운 것으로 백성을 변하게 해 풍속을 이룬다'는 뜻이다. 근대기에 '개화'로 줄여서 사용되었고, 계몽(enlightenment)이나 진보(progressive) 등의 의미로 확장 번역되었다.

북촌 전용순 가옥(1939) / 박길룡 설계(출처: 《조선의 건축》 1939년 9월호).

북촌 윤치왕 가옥(1936) / 박인준 설계 / 2018년 촬영.

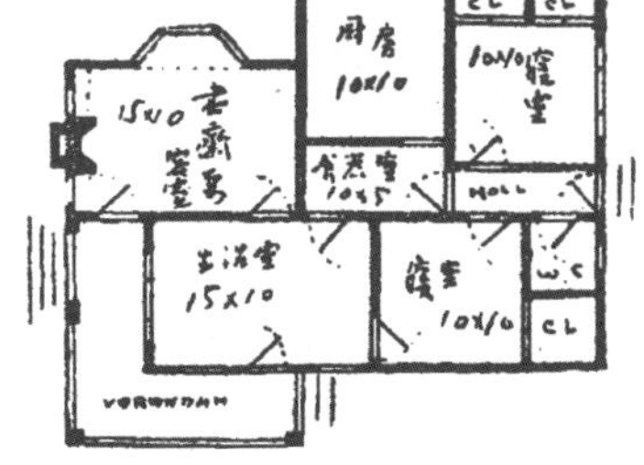

김유방의 구미식 주택(출처: 《개벽》 제34호, 1923).

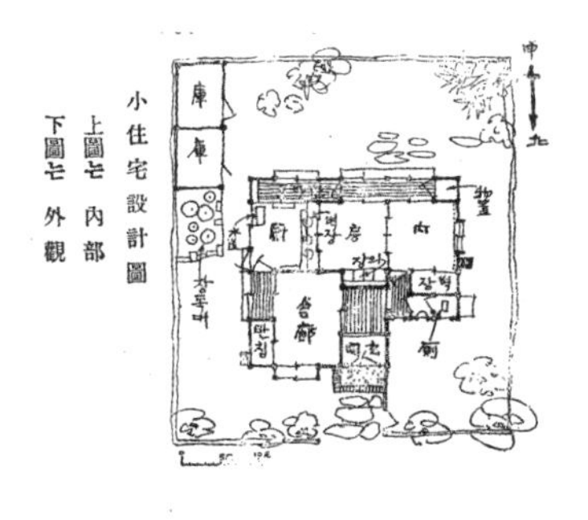

박길룡 소주택 계획안(1932)(출처: 《실생활》, 1932).

반에 수신사, 조사시찰단, 보빙사로 일본과 미국 등을 다니면서 선진 문물을 배우고 받아들였다. 이 시기의 북촌은 그 어느 때보다 개방적이고 선진적인 공간이었다.

이양 건축의 확산은 1920~30년대에 경성 인구가 급증하면서 주택난이 심각해진 데서 그 원인을 찾을 수 있다. 이 시기에 근대 건축 교육을 받은 조선인 건축 전문가들이 회사를 설립했고, 때맞춰 북촌의 대규모 주택 개발이 시작되었다. 1928년 《동아일보》 기사는 1900년대 초 경성의 상황을 "경성 건물의 현재 상황은 별안간에 변천한 경로로 이러한 경향으로 가는가를 엿볼 수 있다고 한다. 20년 전에는 남촌 일대의 일본인 주택 약간과 대형 건물, 종로통의 조선인 상점 몇을 합해 개량 가옥이 300~400동에 불과했으나, 현재는 6,000동이 신식 가옥"[02]이라고 묘사한다. 일제강점기 초기에 북촌은 조선인 거주지, 남촌은 일본인 거주지로 나뉘었다. 따라서 경성의 신식 가옥은 남촌을 중심으로 일식 가옥이 주를 이루었다. 하지만 1920년대에 들어서면서 조선인 가옥에도 신식이 급증했다. 특히 북촌에 거주하는 조선인들은 일식 가옥이 아니라 조선 가옥과 양식 가옥을 선호했다.

신분 해방과 여성 해방을 위한 집

개항과 개화는 조선에 서구 문화를 빠르게 유입시켰다. 이전까지 폐쇄적이었던 조선의 문화는 서구 문화와 비교되며 큰 충격을 받

02 〈신식 가옥 수 육천 호 돌파(이십 년보담 이십 배 늘어)〉, 《동아일보》, 1928년 11월 2일 기사를 현재 언어로 윤문.

았다. 특히 개신교 선교사들은 인간의 평등성과 서구 문화를 기초로 근대 교육·의료 중심의 선교 활동을 벌였는데, 이는 신분 해방과 여성 해방을 전 계층으로 확산하는 데 큰 영향을 끼쳤다. 당시 상황을 잘 보여 주는 예로 인사동에 있는 승동교회에서 안국동 안동교회가 분리해 나간 일을 들 수 있다. 승동교회는 백정 등 조선시대 최하위 계층을 대상으로 한 선교 활동에 주력했다. 따라서 최하위 계층이 교인의 주축이었다. 그런데 승동교회에 다니던 윤보선가 등의 양반 계층이 중심이 되어 안동교회로 분리한다. 공식적으로 신분제가 폐지된 뒤에도 관습적으로 신분제가 유지되고 있었던 것이다.

또한 경신학교 같은 근대 실업학교와 정신여학교 등이 근대 교육과 여성 교육에 앞장섰다. 경신학교는 연희전문을 거쳐 현재 연세대학교가 되었으며, 정신여학교는 다수의 여성 독립운동가를 배출했다. 앞에서 이야기했듯이 신분 해방과 여성 해방은 외국의 신문화, 특히 개화파 등 일찍이 근대 교육의 세례를 받은 조선의 지식인들과 서구의 선교사들이 주도했다.

당시 지식인들은 주택 문제와 관련해 허례허식으로 방만하게 지어진 양반 가옥을 비판하며 소주택으로의 전환을 주장했다. 또한 응접실, 서재, 아동실 등으로 공간을 세분하고, 부엌이나 화장실 등 물을 사용하는 공간의 내부화, 일조와 통풍 등 공간 환경 개선을 위한 필지 중앙에 건물 배치(중당식), 베란다(포치)의 도입을 주장했다. 이는 주거 환경, 공간 구조, 가사 노동, 주거 생활 등을 포함한 주거 문화 전반의 계몽운동이었다.

지식인들의 이러한 주장이 집약된 글 중 하나가 1923년 잡지 《개벽》에 연재된 김유방[03]의 〈문화생활과 주택〉이다. 김유방은 3편의 연재를 통해, 조선 가옥은 신분제에 따른 가옥 규제와 양반 중심의 주거 문화 때문에 "선조의 유물을 무의미하게 본받아 그 시대에 맞는 하나의 개량도 없이 단순한 집주인의 상식과 몰각한 목공의 경험으로 판에 박은 듯이 주관 없는 주택"으로 고착되었다고 비판한다. 구체적인 단점으로 "우리의 생활은 계급이 심한 동시에 남존여비하는 폐"가 있었다고 지적한다. 가옥 규제로 공간의 높이, 재료 등이 제한되면서 "주택을 쇠퇴하게 하고 오늘날과 같이 쓸쓸하고 컴컴한 주택"이 되었다고 예를 든다. 따라서 여자와 하인만 허용되는 부엌, 안채(내실)와 바깥채(외실)의 분리로 이동과 가사 노동 동선이 긴 폐해로 주거 문화가 타락해 왔으므로, 주거 공간 개선이 필요하다고 주장한다. 반면에 온돌 등 선조들이 설계한 가옥의 장점은 받아들일 것을 주장하며, 우리의 실생활과 경제력에 맞게 구미(歐米) 주거 문화와 타협하고 창조해야 한다고 말한다. 특히 방갈로식 주택을 "소주택 중에도 가장 자연미(自然味)를 수습함에 마땅할 뿐 아니라 지붕이 평활(平滑)하고 처마가 넓어 조선 주택에 흡사함(恰然)은 가장 우리의 풍토에 적합"[04]하다고 설명하며, 그 이유를 베란다(露臺)·테라스(露壇)가 넓

03 김유방(본명 김찬영)은 일본 도쿄미술학교에서 서양화 교육을 받았다. 유학을 마치고 돌아와 집필 활동을 주로 했는데, 그가 쓴 희곡에는 당시 노동자들의 처지가 생생하게 담겨 있다.

04 김유방, 〈문화생활과 주택〉, 《개벽》 제34호, 1923. 4. 1.

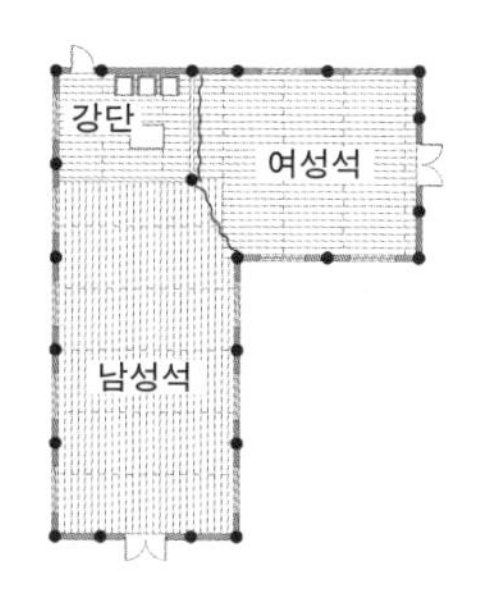

금산교회(출처: 문화재청 국가문화유산포털)와 평면도(오른쪽). 금산교회는 1908년 테이트(Lews Boyd Tate) 선교사가 지은 한옥 교회로, 전라북도 김제시 금산면 금산리에 있다. 1900년대 초 기독교는 신분뿐만 아니라 남녀 공간도 분리하며, 조선의 문화에 맞춰 교회를 지었다. 금산교회는 ㄱ자형 꺾임집이고, 꺾임부에 강단을 두어 남성과 여성 공간을 분리했다. 강단은 남성석을 향해 있고, 여성석은 커튼으로 가려져 듣기만 할 수 있었다. 또한 교회는 한옥의 5량 구조의 진입 방향을 바꿔 바실리카(라틴 크로스) 형식의 교회로 만들거나, 그릭 크로스(정사각형 윤곽의 십자가) 형태의 교회를 만들었다. ㄱ자형은 익산시의 두동교회, 바실리카(5량) 교회는 성공회 강화성당, 라틴 크로스 형태는 익산 나바위성당, 그릭 크로스 형태는 대구 계산성당이 대표적이다.

고, 층고와 창호가 높고 넓어 환기와 일조가 잘 되기 때문이라고 밝힌다.

당시 지식인들의 주거에 관한 생각은 서구의 주거 문화와 비교하는 방식이 기본이었다. 무비판적인 외국 문화의 수용이라는 비판을 받기도 했다. 하지만 양반과 남성 중심으로 형성된 신분제의 폐해는 공통으로 지적하고 비판했다. 공간적으로는 신분과 남녀를 구분한 안채와 바깥(행랑·사랑)채의 분리와 위계적 공간 형식, 내용적으로는 여성과 하인에게 불합리하게 일임된 가사 노동의 동선과 부엌에 대한 지적과 비판이었다. 전자는 공간 전체를 잇는 복도, 채와 각 실을 합쳐 필지의 중앙에 건물을 배치하는 중당식으로 해결하려는 방향성을 가지고 있었다. 그렇다면 후자, 즉 가사 노동의 동선과 부엌 개선은 어떤 방향성을 가지고 있었을까?

신분제와 가부장제를 바탕으로 공고하게 유지되던 조선 가옥은 당시 심각한 주택난과 맞물려 수많은 문제를 드러냈다. 1932년 김성진(金星鎭)은 주방 개선을 통한 여성 해방을 다음과 같이 주장했다. "생활을 간단하게 하기 위해 부엌의 개조를 절실하게 느낀다. 북도 지방에 볼 수 있는 '정지방'과 같은 조직의 부엌을 좀 더 위생적으로 개량하면 이상에 가까운 주방을 꾸밀 수 있지 않을까 생각한다."[05] 김성진은 여성에게 일임된 가사 노동은 봉건시대의 인습으로서 조선시대 여성은 기생충이나 노예와 다름없는 존재라고 여기는 태도를 감수하며 살았다고 말하며, 가사 노동 동선 체계와 생활 방식의 개선을 주장했다. 특히 북쪽 지역에 있는 정지방(지역에 따라 정주간 등의 다양한 용어로 쓰임)처럼 부엌과 연결된 찬방·식당 등으로 통합된 주방을 제안한다.

정주간은 한반도의 전통 가옥 중에서도 특이한 유형으로 함경북도 등 한반도 북부의 추운 산간 지역에 분포되어 있다. 부엌과 경계가 없으면서 난방이 되는 곳으로서 식사, 손님맞이, 찬마루 역할을 하는 다용도 공간이다. 지금의 거실에 가깝다. 아파트 공간 구조로 보면 거실과 부엌이 연결되고, 그 사이에 식당(식탁)이 있는 것과 비슷하다. 부엌과 식당이 분리되어 있는 셈이다. 남녀

05 김성진, 〈우리 가정의 위생적 생활개선〉, 《동광》 4권 8호, 1932, 63~69쪽.

● 진입구
A 정주간 B 방
C 부엌 D 광
E 외양간

관북형
전통 가옥 평면도.

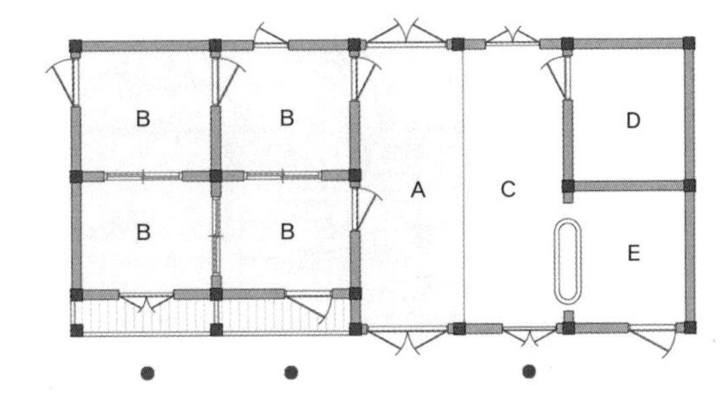

윤동주 생가 정주간 / 중국 지린성 룽징시(출처: 땅과 사람들 https://lovegeo.tistory.com/).

정주간(鼎廚間).

- 부엌과 안방 사이에 벽 없이 부뚜막과 방바닥이 하나로 된 큰 방.
- 식사, 손님맞이, 찬마루 역할을 하는 다용도 공간.
- 만주에서는 '주부의 자리'라는 뜻의 종지로, 강원도와 경상도에서는 정지라 부름.

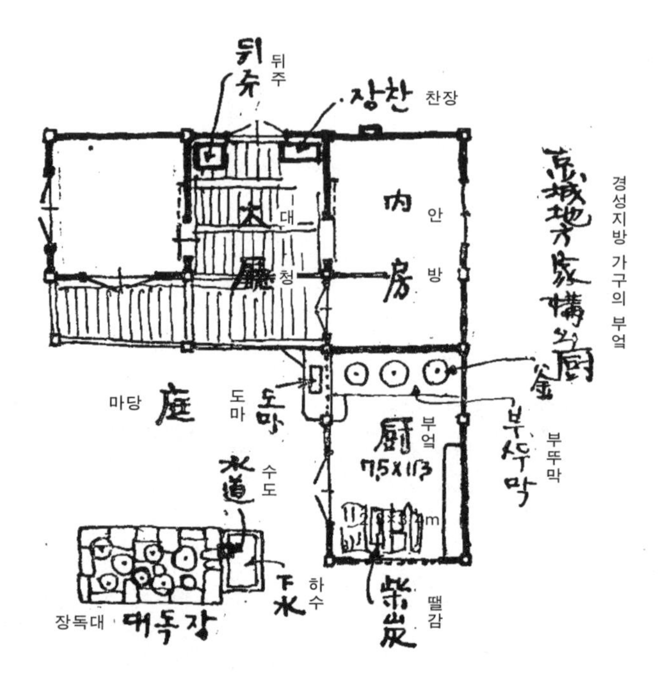

경성지방 가구의 부엌(출처: 《동아일보》, 1932. 8. 10).

의 경계가 공간적으로 구분되지 않는 유형이라고 할 수 있다.

경성고등공업학교(경성고공)를 최초로 졸업한, 조선인 최초의 건축가로 알려진 박길룡(1898~1943)은 경성지방 주방의 특징과 문제점을 다음과 같이 기술한다. “주방에서 소용이 있는 기구와 설비가 대청과 앞뜰에 있게 된 것은 재래의 경성형의 주방이 작고 어둡게 된 이유뿐만 아니라, 찬장과 뒤주가 대청을 장식하고 장독대가 앞뜰을 장식한다는 습관 때문이다. 이 전통 관념이 주방의 발달을 저지(沮止)하는 큰 조건이 되었다.”[06] 그리고 이어진 연재 기사를 통해 조선 가옥에서 우선 개선해야 할 문제가 주방

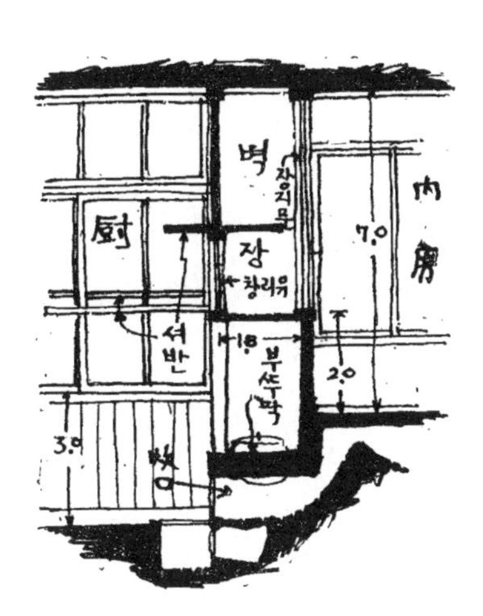

박길룡의 부엌 개선안 1(출처: 《동아일보》, 1932).

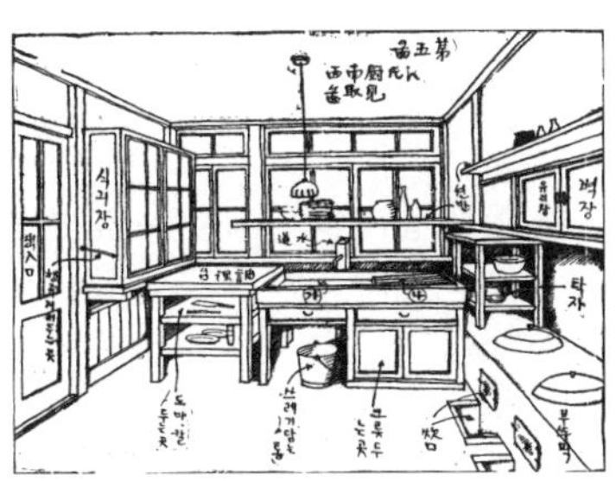

박길룡의 부엌 개선안 2(출처: 《동아일보》, 1932).

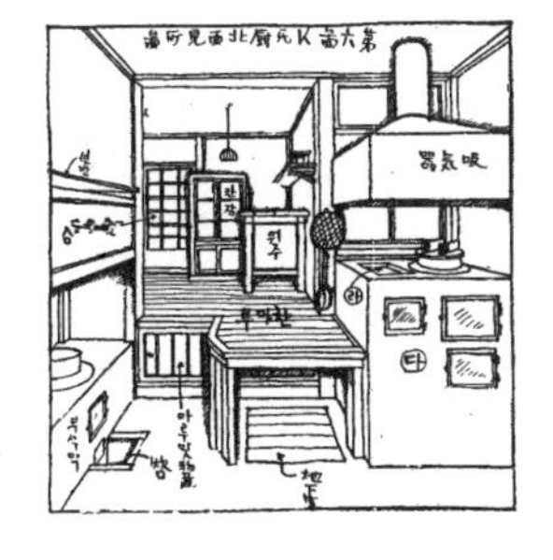

박길룡의 부엌 개선안 3(출처: 《동아일보》, 1932).

이라 말하며, 위생적 개선을 위해 채광과 통풍, 설비의 보완을 다음과 같이 제안한다.

> 주부 시간의 거의 전부를 불쾌한 주방 노동에 허비하게 되니 주부의 전 생애는 불쾌한 주방 노동이다. 주부를 '부엌데기'라고 천대하는 대명사는 재래의 주방이 불완전한 이유라 하겠다. (재래 부엌은) 채광

06 박길룡, 〈주에 대하여 2〉, 《동아일보》, 1932. 8. 10.

과 통풍이 불완전하여 병균이 번식하기 쉽고, 다른 실과 연계(聯絡關係)가 불편하고, 설비가 불충분하다. 주택을 개선함에 있어 제일 먼저 우선(發手)할 문제는 주방 개선 문제라 할 수 있다.[07]

박길룡은 부엌의 문제와 개선에 대해 여섯 번에 걸쳐 신문에 연재했는데, 그 내용은 선반, 찬장, 조리대, 싱크대 등을 만들 것, 찬마루를 두어 조리 공간을 확보하고 내부 공간을 연결할 것, 아궁이를 조리 공간과 분리하고 환기구와 일조를 확보해 쾌적한 공간으로 만들 것 등이었다.

또한 어린이날을 제창한 소파 방정환은 아동의 독립된 실(방)을 만들 것을 주장하기도 했다. 그는 1931년 "주택 문제에 한 말씀 더 달아 둘 것은 아이들의 방 하나를 따로 만들어 주라는 말입니다. (…) 아이들에게 권리를 주어야 합니다"[08]라며, 주택 문제와 더불어 아동의 주체성과 자주정신을 위한 독립된 방을 제안했다. 손님을 위한 사랑채나 행랑을 짓기보다 아이 방을 만들어 주어야 한다는 주장이었다. 어른의 참견 없이 아이 스스로 자기 방을 청소하고 정리하면서 주체성을 키워야 함을 강조한 것이다.

최초의 근대 조선인 건축가가 말하는 집

근대 학문으로서 '건축'은 영미권 'Architecture'의 일본식 번역어다. 일본에서는 1987년 공부대학교(현 도쿄대학교)에 조가(造家)학

07 박길룡, 〈주에 대하여 3〉, 《동아일보》, 1932. 8. 11.

08 방정환, 〈가정계몽편-살님사리 대검토〉, 《신여성》 5권 3호, 1931, 71쪽.

과가 설립되었고, 국내에서는 1907년 공업전습소 목공과(조가학과)를 시작으로 경성고등공업학교(경성공업전문학교) 건축과 등이 설립되어 졸업생을 배출했다. 1800년대 말에서 1900년대 초는 근대 건축 교육의 체계가 정립되는 시기인 데다 그 경로가 복잡해서 조선인 최초의 건축가가 누구인지 분명치 않다. 정확한 기록은 없지만, 근대 건축 유학은 북경으로 보낸 1881년 영선사와 일본으로 보낸 1884년 조사시찰단에 포함된 대한제국의 국비(관비) 유학을 처음으로 본다.

서구의 건축 기술을 처음 배우고 적용한 이들은 "한양창조자"로 불리던 심의석(1854~1924)과 김수연이다. 이들은 배재학당(1887), 시병원(1890), 독립문(1896~97), 손탁호텔(1902~03) 등 한양의 신식 건축물을 짓는 데 참여하며 배운 것으로 알려져 있다. 또한 선교사를 통한 건축 교육과 유학의 연계가 있었다. 특히 선교사이자 건축가였던 윌리엄 보리스(William Merrell Vories, 1880~1964)는 조선에 140여 개의 건축물을 설계했는데, 그는 당시 일본에 보리스건축사사무소를 운영하고 있었다. 강윤, 임덕수, 최영준, 김현성, 마종유 등이 보리스건축사사무소에서 수학하고 일본과 미국 등지에서 유학했다. 그리고 김윤기(와세다대학), 강윤(간사이공업건축학교(현 오사카공업대학)), 김종량(동경고등공업학교) 등이 일본의 여러 대학에서 수학했다.

조선에서는 대한제국기인 1907년 공업전습소에 목공과가 설립되고, 1909년 첫 졸업생 6명(김원식, 이기호, 이종승, 김원목, 이기덕, 박한선)을 배출했다. 하지만 졸업생들의 활동이 알려진 것은 없다.

그리고 일제강점기인 1916년에 경성고등공업학교 건축과가 설립되고, 1919년에 첫 졸업생(박길룡)을 배출했다. 1919년 대다수의 조선인 학생이 3·1운동에 참여하고 도피 생활을 이어가는 바람에 학교 설립 초기에는 졸업생이 거의 없었다. 그 뒤 박동진, 김세연, 이천승, 김해경(시인 이상), 장기인 등의 졸업생을 배출했다. 경성고등공업학교 출신은 졸업 뒤 대체로 조선총독부 영선과 등을 거쳐 개인 건축사무소를 설립하는 것으로 이력을 이어갔다. 이런 시대 상황과 기록의 부재로 경성고등공업학교 첫 졸업생인 박길룡이 조선인 최초의 건축가로 알려져 있다. 하지만 알려지지 않았을 뿐, 공업전습소를 포함한 근대 건축 교육기관과 현장에서 배운 조선인 건축가들이 있었던 것은 확실하다.

1920년 〈회사령〉[09]이 풀리면서 조선인도 회사를 설립할 수 있게 되었다. 알려진 기록으로는 1921년 이훈우(李醺雨)의 이훈우건축공무소 설립이 최초다. 최초의 건축가로 알려진 박길룡의 박길룡건축사무소는 이보다 12년 늦은 1932년에 설립되었다. 바로 1년 뒤인 1933년에는 연희전문학교 수물과와 미네소타주립대학 건축과(1927년 졸업) 출신인 박인준이 박인준건축설계사무소를 설립했다. 이들 사무소는 종로 이북 지역인 북촌에 위치했다. 북촌에 조선인 지식인들과 신식 건축을 선호하는 사람들이 많이 살고 있었다. 조선인 건축가들은 이들의 집을 설계하고 지었다. 주

09 1910년 12월 29일에 조선총독부가 공포한 제도로, 회사 설립 허가를 의무화한 규정이다. 하지만 실제로는 조선인의 회사 설립을 통제하고, 경제를 탄압·수탈하기 위한 조치로 사용되었다. 1920년 3월 21일까지 존속되었다.

거 문화는 백성의 생활과 풍속을 진보시키는 데 중요한 부분 중 하나였다. 지식인들은 이런 인식을 같이했고, 북촌은 이렇게 변화하는 주거 문화의 중심 공간이었다.

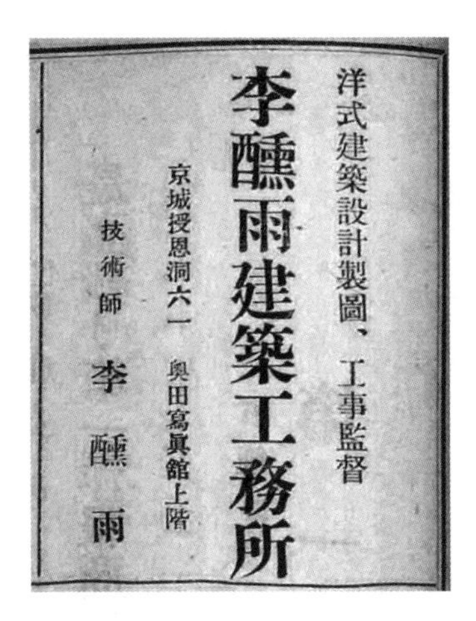

이훈우건축공무소 광고(출처: 《개벽》 1921년 10월호).

이훈우는 조선총독부 영선계 출신으로, 공무소를 운영했다는 사실 이외에 알려진 것이 거의 없다. 다만, 주택 개선에 대해 최초로 언론에 의견을 피력했다는 사실이 전한다. 1923년 건축사 이훈우는 《동아일보》에 실린 대담 기사 〈주택은 어떻게(如何) 개량할까?〉에서 "행랑방과 부엌을 개량할 필요"와 "미관과 위생을 존중합시다"를 강조하면서, 시대가 바뀌고 생활이 변화하는 것에 맞추어 조선집도 개량되어야 한다고 말한다. 그러면서 개선점으로 ① 부엌과 변소의 배치, 크기, 동선으로 발생하는 위생 문제, ② 집 높이가 낮아 일조가 되지 않는 위생 문제, ③ 천정이 낮아 공기량이 적고 여름에 습기가 많아 발생하는 위생 문제를 꼽는다. 하지만 온돌 난방과 두꺼운 벽, 이중문은 지역 기후에 적합한 실용적인 방식이라고 말한다.

> "부엌을 안방에 가깝게 함은 음식 만드는 데 직접 관계가 있는 부인이 안방에 있게 되는 등 여러 가지 관계와 편리를 얻으려는 까닭이

나 실상 이것이 위생상에도 좋지 못할 뿐만 아니라 집 전체의 미를 없이 하는 것입니다. 그러니까 이 부엌을 채의 뒤쪽에 두면, 드나드는 사람에게도 보이지 아니하고 앞뜰이 깨끗해질 것입니다. 우리의 습관은 제일 깨끗하게 하여야 할 변소를 너무 더럽고 좁게 하는 것은 빨리 고쳐야 하겠습니다. 변소란 것은 실로 우리가 늘 들어 있는 방보다도 더 깨끗하게 하여야 할 것이니 이것은 우리의 건강을 해롭게 하며, 심하면 목숨까지 빼앗아 가는 무서운 병균이 많이 있는 까닭입니다. 집 높이가 너무 낮고, 더욱 쓸데없는 재료를 너무 들여서 볕이 잘 들지 못하여 방안이 늘 밝지 못하고 음습하게 되는데 이것은 위생으로 보든 어디로 보든 매우 좋지 못한 일입니다. 다른 나라에는 도무지 없는 우리 온돌법으로 말하면 방안을 따뜻하게 하는 난방장치가 매우 발달된 것이며, 또는 문을 두 겹으로 하는 것과 벽을 두텁게 하는 것으로 말하면, 기후 관계로 어떻게 할 수 없는 일이나 워낙 천정이 낮아 방 공기의 분량도 적은 터에 이렇게 안팎 공기가 잘 서로 드나들지 못하게 하였음으로 호흡기관에 병을 일으켜 우리의 건강을 해롭게 하는 일이 모르는 가운데에 적지 않게 아니합니다. 또는 여름 동안에는 불을 때는 때가 적음으로 방안에 자연히 습기가 너무 있어서 모든 병균이 생기기 쉽습니다. 여하간 이 온돌과 벽이 두텁고 거듭 문을 하는 것이 난방장치의 설비로 보아 간단하고 편리한 점으로 볼 때, 매우 좋으나, 위에 말한 바와 같은 결점이 있음으로 이러한 결점만 고치면 실로 실용상으로나, 경제상으로나 훌륭한 방법이라고 나는 생각합니다."[10]

건축가 박동진(1899~1980)은 1931년 〈우리 주택(住宅)에 대(對)하야〉라는 제목으로 《동아일보》에 주택의 문제와 대안에 대해 연재했다. 박동진은 경성고등공업학교 건축과 출신으로서 조선총독부 건축기수였으며, 태평건물주식회사·박동진건축연구소·기신건축연구소를 운영했다. 인촌 김성수가 설립한 중앙고등보통학교 계동 1번지의 본관을 설계한 인물이다. 박동진은 연재 기사 〈생활과 주택〉에서 주택은 사회 문화 수준의 바로미터라며 그 중요성을 강조하고, 새로운 사회와 새로운 생활의 그릇인 주택의 새로운 방식과 새로운 형태가 나타나고 준비해야 한다고 주장한다. 그리고 주택 개선에 대해서는 〈우리 주가의 현상에 대하여〉에서 시대적 변화에 따른 환경에 적응하되, 우리의 풍습, 습관, 풍토, 기후를 고려해 맹목적인 모방이 아니라 우리나라에 적합한 주택 계획이 필요하다고 강조한다. 당시 일식 주택과 양식 주택이 무분별하게 지어지는 시대 상황을 반영한 것으로 보인다.[11]

10 〈住宅은 如何히 改良할가〉, 《동아일보》, 1923. 1. 1.

11 "우리의 가정생활에서나 사회생활에서 우리의 전통과 인습을 파괴시킨 것만큼 여기 적합한 주거(住家)를 요구하는 것이다. 동물이 그 환경에 적응하는 것처럼 우리는 조금씩 조금씩 국제 생활에 적응하여 우리의 생존을 계획하고 실현(企圖)하게 되는 것이다. 따라서 우리 주거를 현대 풍습에 적합하게 하려는 곳에 고심이 있고, 난산(難産)의 쓰라림을 맛보게 되는 것이다. 다시 말하면 우리 생활을 우리의 힘으로 우리 만대로 우리 몸에 맞도록 하기 위해 우리의 주거를 꾸며 놓자는 계획이다. 남들이 누가 우리 생활을 이해하고 우리 풍습에 적합한 건설을 해줄 고마운 이는 결단코 없다는 말이다. 어쨌든 40년 전의 생활을 오늘에 반복 못 할 것이 사실인 만큼 우리의 주거는 개량 여지가 너무 많다. 이상 말한 것 등이 맹목적으로 남의 것을 모방하지 못할 유일한 우리의 사정이자 문제가 되는 것이다." 박동진, 〈우리 주택에 대하여 2〉, 《동아일보》,

기후풍토는 그 나라 그 지방에 부여한 숙명이다. 이것만은 어찌할 수 없는 것이니, 조선의 기후풍토는 조선 고유(獨特)의 것이고, 좋으나 나쁘나 숙명으로 우리는 살아가지 않을 수 없는 것이다. 그래서 우리의 주거는 또한 이 국토에 뿌리를 박고 이 환경 속에서 성장되는 것이다.[12]

건축가 박길룡은 1932년 〈주(廚)에 대(對)하야〉라는 제목으로 《동아일보》에 부엌의 문제와 대안을 제시하는 글을 연재했다. 종로 화신백화점, 북촌 전용순 가옥, 민영휘의 한옥 주택(현재 인사동 민가다헌)을 설계한 인물이다. 박길룡의 연재 기사는 주택의 실에 대한 기능적 역할과 부엌의 보건상 문제를 강조한다.

정세권(1888~1965)은 북촌의 대표적 한옥밀집지역인 가회동 31번지를 비롯해 삼청동, 계동 등 북촌 전역과 서울 전역에 도시한옥을 건설한 대표적인 건축청부업자다. 1931년 잡지 《실생활》을 창간하고 거의 매달 조선인의 생활 개선과 조선 주택 개선에 대해 기고했다. 정세권은 조선 주택이 위생과 경제적 측면에서 불합리하다고 지적하며 개량 방법을 구체적으로 제시한다. 그는 일조와 통풍의 부족으로 발생하는 위생 문제와 더불어 주택난 해소를 위한 경제적 대안을 구체적으로 제안한다. 실제로 도시한옥을 건설하는 건축청부업자 처지에서 현장의 구체적 사안을 기술하고 있는 것으로 보인다. 조선 주택의 일조와 통풍, 위생, 작업

1931. 3. 15.

12 박동진, 〈우리 주택에 대하여 3〉, 《동아일보》, 1931. 3. 17.

동선, 보안, 경제성, 설비에 이르기까지 종합적으로 기술하며, 이를 바탕으로 건양주택(건양은 정세권의 회사 이름이기도 함)과 중당식 주택을 제안하고 실험한다. 특히 정세권은 당시 "건축왕"으로 불릴 만큼 대표적인 건축업자이고 잡지를 창간한 덕분에 주택 시장 정보를 많이 모을 수 있었다.

> 경성의 건축계는 이제 개량 발전하는 과정(途程)에 있다고 생각합니다. 내가 처음에 이 건축계에 손을 댄(着手) 동기는 우리 조선의 가옥 제도가 너무 비위생적(不衛生的)이고, 비경제적(不經濟的)임을 발견한 때부터입니다. 이 점을 많이 고려해 좀 더 경제적이고 위생적인 것을 기본(本位)에 두고 매년 300여 호를 신축해 왔습니다. 하여간 대정(大正) 8년(1919)에 재목 한치에 금 2전인데, 건축비는 매 칸에 160원가량 들던 것이 지금(1929)은 재목 한치에 금 15전인데 건축비는 매 칸에 120원이면 훌륭합니다. 근래의 경향은 일반적으로 개량식을 요구하는 모양입니다만, 개량이라면 별것이 아니라 종래 좁았(狹搾)던 정원을 좀 더 넓게 해 양기(陽氣)가 바로 투입되고, 공기가 잘 유통되어, 한열건습(寒熱乾濕)의 관계 등을 잘 조절함에 있습니다. 뿐만 아니라 외관도 미술적인 동시에 사용상으로 견고(堅確)하고, 활동에 편리하며, 건축비·유지비와 생활비 등의 절약에 유의함이 본사의 사명입니다. 재래식의 행랑방, 장독대, 창고의 위치 등을 특별히 개량해 왔고, 또 한편으로 중류 이하의 주택을 구제하기 위하여 전세(年賦), 월세(月賦)의 판매 제도 등도 강구하여, 주택난에 대해서는 다소 대응(供給)하고 있다고 생각합니다.[13]

근대 건축가들의 주장은 큰 틀에서 근대 건축의 3요소로 지칭되는 구조, 기능, 미를 기준으로 한다. 일제강점기 조선인 근대 건축가들은 이를 바탕으로 경성 가옥 구조의 장단점을 분석하는데, 대체로 근대적 주거 문화의 도입과 위생상의 문제를 지적하는 공통점을 보인다. 세부적으로는 ① 일조와 통풍 문제로 발생하는 위생상의 문제로서 부엌, 변소의 배치, 창호, 설비 등의 개선, ② 응접실, 가족실, 서재 등의 근대적 가족 개념과 실의 도입, ③ 작업(이동) 동선과 미관을 고려한 공간의 구성과 배치 개선이다. 더불어 기존 조선 주택의 온돌처럼 풍습·풍토를 고려한 설계를 중요하게 생각한다.

도시에 적응한 조선집

대한제국을 지나 일제강점기 초·중기(1920년대)부터 도시화가 본격화되었으며, 인구의 급격한 증가로 도시의 밀도가 높아졌다. 이에 따라 대규모 도시한옥 주거지의 건설이 이루어졌으며, 현재 서울에 남아 있는 대부분의 도시한옥 또한 이 시기에 지어졌다. 또한 사회적으로는 19세기 후반 개항 이후 자본주의, 도시계획 등 서구 문화가 도입되면서 근대화가 본격화되었다. 경성의 직업 분포는 1911년만 해도 이미 농사나 자급자족적 직업에서 벗어나 상업이나 공업 등의 도시적 직업군으로 변화했다(옆의 표 참조).

일제는 1904년 러일전쟁에 승리하면서 통감부를 설치하고,

13 정세권, 〈건축계로 본 경성〉, 《경성편람》, 1929.

"시가지정리사업"과 "토지가옥증명규칙" 등의 근대적 도시계획, 토지 및 가옥의 자본주의화를 시작했다. 일제는 1914년 경성의 범위를 도성과 성저십리(서울의 도성 밖 십 리 안에 해당하는 지역)에서 도성 내부로 축소하고 지명을 일본식으로 변경했다. 그러면서 교통(도로 개수), 위생(하수도 개수) 등의 근대적 개념을 명분으로 한 도시 개조 사업을 본격화했다. 경성은 산업구조가 바뀌고 도시화가 진행되면서 1920년부터 인구가 급증하기 시작했다.

1920년대 경성의 가옥은 조선시대 한양과 마찬가지로 초가와 와가, 10평 이하의 극소형 주택이 대부분이었다.[14] 1920년대 들어 남촌을 중심으로 신식 가옥이 매년 300호가량 지어졌고, 1920년대 말에는 약 6,000호 정도의 신식 가옥이 있었다.[15] 1920년대까지 새로운 주택의 건설은 많이 이루어지지 않았던 것으로 보인다. 그리고 1910~20년대에는 하수도 개수 사업, 전염병 병원 등 위생

단위: %

구분	인구수	농림·어업·목축	공업	상업·교통업	공무·자유업	기타 유업자	무직·미신고
조선인	244,246명	13.2	8.8	24.3	5.2	16.3	32.2
일본인	46,061명	1.8	15.9	27.5	28.3	20.9	5.7
기타	2,509명	7.3	26.8	52.9	10.8	1.4	0.8
합계	292,816명	11.4	10.1	25.0	8.9	16.9	27.7

1911년 경성 주민의 직업 구성(출처: 이헌창, 〈개항 이후 서울 상업의 재편과 왜곡〉, 《서울상업사》).

14 〈십 년간 대경성행진곡 외화내빈 기형적 발전〉, 《동아일보》, 1929. 1. 1.

15 〈신식 가옥 수 육천 호 돌파: 이십 년보담 이십 배 늘어〉, 《동아일보》, 1928. 11. 2.

과 관련한 총독부의 대형 사업들이 이루어지고, 신문 등에서는 재래식 주택이라 불리는 조선집의 주택 개량과 관련한 기사들이 연재되었다. 주택의 개량은 부엌 등 위생과 밀접한 관계가 있는 공간을 중심으로 이루어졌다. 또한 주택뿐 아니라 다양한 분야에서 과잉이라는 지적이 있을 만큼 신식이 선호되었다. 주택 유형의 경우 일식집, 양관, 선양절충, 문화주택 등 여러 가지로 불렸으나, 기존 주택의 위생 문제를 해결하고 윤택한 삶을 위해 개량한 주택을 '신식'으로 통칭했다.

1930~40년대 도시한옥 주거지의 형성은 기하급수적으로 늘어난 인구에 대응하기 위한 대규모 개발로 이루어졌다. 단, 초기에는 도성 내부에 민간 차원에서 대형 필지를 분할하며 이루어졌고, 후기에는 도성 외부에 정부 차원에서 도시계획으로 택지를 조성하며 이루어졌다. 대형 개발이 이루어짐에 따라 도시한옥은 대량생산에 적합한 유형으로 개발되었다. 이에 따라 1930년대 초 북촌 지역을 중심으로 민간에서는 비교적 규격화된 유형의 도시한옥이 만들어졌으며, 1930년 후반에는 토지구획정리사업이 시행된 돈암지구 등을 중심으로 규격화된 ㄷ자형 도시한옥이 대규모로 지어졌다. 조선집이라 불린 도시한옥은 식민지적 조건과 도시화 과정에 조선시대 양반 가옥이 적응한 적응태라 할 수 있다.

조선집의 대량생산과 건축청부업자[16]

1910년 한일병합조약부터 1920년까지 경성의 인구는 20~25만

연도	호수	인구	인구/호	연도	호수	인구	인구/호
1907년	37,144	164,881	4.4	1940년	164,000	930,000	5.7
1915년	55,000	241,000	4.4	1945년	190,000	902,000	4.7
1920년	55,000	250,000	4.5	1950년	319,000	1,693,000	5.3
1925년	70,000	336,000	4.8	1955년	260,000	1,575,000	6.1
1930년	75,000	355,000	4.7	1960년	447,000	2,446,000	5.5
1935년	83,000	404,000	4.9	1962년	554,000	2,983,000	5.4

서울의 인구 변화와 호당 인구수(서울시 통계자료).

명 내외였다. 일제강점기 인구통계는 1925년 시작된 국세조사(國勢調査)를 기준으로 한다. 국세조사를 시작한 뒤 인구 추이를 보면, 1925년 34만2,626명, 1930년 39만4,240명, 1935년 44만4,098명, 1940년 93만5,464명, 1944년 98만8,537명이었다. 1920년에서 해방된 1945년까지 25년간 경성의 인구는 약 70만 명 이상 늘어났다. 경성의 인구가 급증하면서 주택난이 심각해졌고, 그에 따라 대규모 주택 개발이 이루어졌다.

1934년 한반도 최초의 근대 도시계획법인 〈조선시가지계획령〉이 시행되면서 1936년 "경성시가지계획"과 "토지구획정리사업"이 시작되었다. 도성 밖 돈암지구·영등포지구 등 10개 지구를 지정해 개발함으로써 경성의 경계를 확장했다. 특히 경복궁과 창덕궁 사이의 북촌은 도시의 중심 공간이고 왕가와 사대부가의 대

16 이 절은 〈북촌, 경복궁과 창덕궁 사이의 터전〉(서울역사박물관, 2018)을 수정·보완한 것이다.

형 필지가 많아서 대규모 개발이 집중되었다. 그 시작은 1920년대 일본인과 일본 기업이 중심이 되어 택지를 개발해 판매하는 방식이었다. 그러나 택지는 판매되지 않았다. 북촌은 조선인 거주지였고, 조선인들은 일본인과 일본 기업에 대해 거부감이 있었다. 또한 조선인들은 일본식·서양식 블록 단위로 구획된 필지뿐 아니라 필지 구매 자체에 거부감이 있었다. 그리고 일제는 무단통치 수단으로 〈회사령〉을 발령해 1919년까지 조선인은 회사를 설립할 수 없게 했다. 1920년부터 조선인 주택 개발업자가 활동을 시작했으나, 초기에는 기존 주택을 개·보수하고 개발하는 정도였다. 이 시기에 공업전습소, 경성고등공업학교 등에서 근대 건축 교육을 받은 조선인 전문가들과 유학생 출신들이 활동을 시작했다.

1930년대 중반부터 북촌에 대규모 개발이 시작되었다. 조선인 개발업자들은 필지를 분할하고 각 필지에 한옥을 지어 팔았다. 대형 필지가 많았던 가회동의 1번지, 11번지, 31번지, 33번지가 1930년대 중반에 각각 수십·수백 개로 분할되어 한옥 주거지로 개발되었다. 건양사를 설립해 가회동 31번지 개발에 참여한 정세권은 당시 상황을 "소화(昭和) 8년(1933)부터 금년(1935)까지 경성(京城)에는 새로 신축된 가옥 수가 약 6~7,000호다. 이 새로운 가옥들은 대개가 지방에서 올라온 지주들의 집이다. (…) 금년 봄 이래로 서울의 북촌산(北村山) 밑 일대는 어느 한 곳 빈틈없이 모조리 산을 파내고 헐어서 집을 짓고 있고, 그 수가 대략 4,000여 호가 새로 생겨났을 것"[17]이라고 묘사한다. 당시 북촌 지역은 조선인이 거주하는 도시 중심 공간이었고, 경성고등보통학교·휘문고등보통학교·중앙고등보통학교 등 근대 교육 시설이 집중해 있었다. 이렇게 개발된 가회동의 필지 분할은 기존 한옥 주거지와 마찬가지로, 남북 방향으로 필지를 구획하고 필지 전체를 관통하거나 동글게 도는 도로를 만들어 블록을 조성하는 방식이었다. 이는 도시계획적인 블록 구조와 자동차 등 새로운 교통수단을 고려한 것이었다. 주택은 조선시대 경기도 지역의 양반 가옥 유형인 경기형 민가를 축약한 형태였다.

경성 지역의 한옥은 경기도 지역 한옥 배치의 특징인 '튼 ㅁ자형'으로, ㄱ자형 안채와 ㄴ자형 바깥채로 구성된 조선시대 양반가의 배치 유형을 따르고 있었다. 이런 경기형 민가는 산과 밭 등을 낀 대형 필지에 조성되었는데, 중앙의 마당을 중심으로 남자와 여자, 주인과 하인 사이를 안채와 바깥채로 분리했다. 따라서 경기형 민가의 '튼 ㅁ자형' 한옥은 밀도가 높아진 도시형 필지에 배치하는 것이 어려웠고, 이에 초기 개발 과정에서 다양한 한옥 배치 유형이 실험되었다. 따라서 ㄱ자형 안채와 ㅡ자형 바깥채, ㄱ자형과 ㅡ자형이 합쳐진 ㄷ자형, ㄷ자형 두 채가 합쳐진 ㅂ자형 연립형 한옥 등이 실험되었다. 1930년대 후반에 이르러 ㄷ자형 한옥이 일반화되었고, ㅂ자형으로 연립된 한옥 블록이 조성되기도 했다.

현재 북촌에 남아 있는 도시한옥 대부분은 일제강점기인 1920~

17 정세권, 〈폭등하는 토지, 건물 시세, 천재일우(千載一遇)인 전쟁 호경기(好景氣) 래(來)!〉, 《삼천리》 제7권 제10호, 1935. 11. 1.

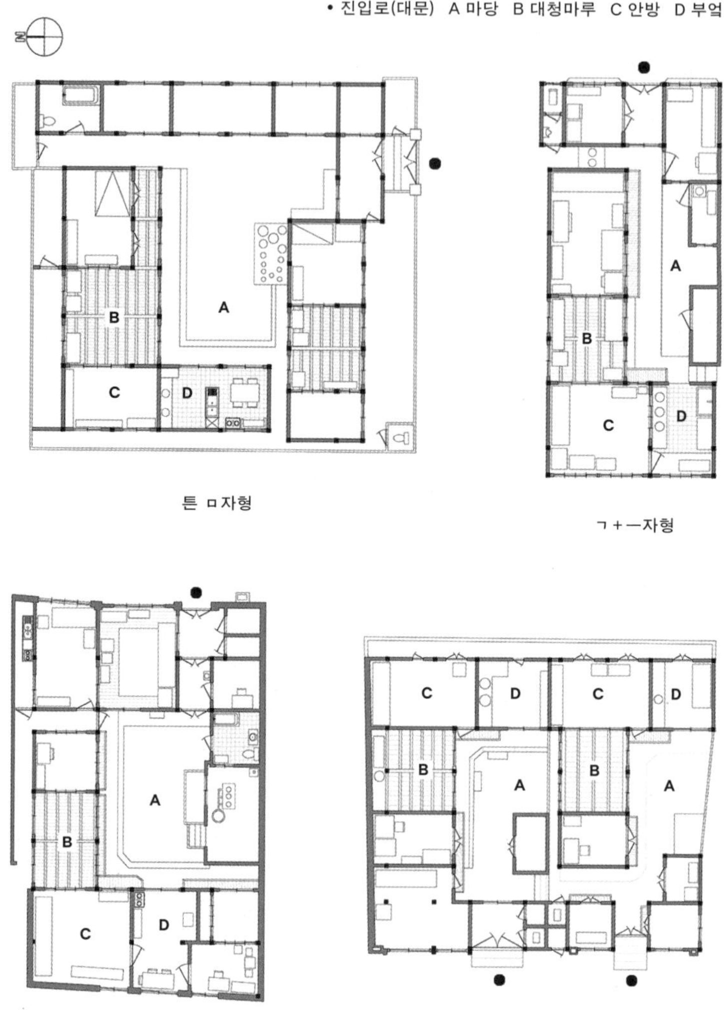

북촌(서울시 가회동 11번지) 한옥 평면 유형 / 1936~41년 대규모 한옥 주거지 개발 (출처: 1986년 실측조사(무애건축연구실) 평면도 재작성).

30년대에 건양사의 정세권과 김종량, 정희찬 등 조선인 건축청부업자들이 건설한 것으로 알려져 있다. 한국의 건축청부업은 1897년 경인선 부설 공사를 계기로 조선에 진출한 일본인 건축청부업자들이 처음 시행했다. 같은 시기에 조선인으로는 최초로 박기종이 철도 부설 공사 청부 사업에 입찰하기 위해 부하철도회사를 설립했지만, 자금력 부족으로 일본인들에게 회사가 넘어갔다.[18] 그 뒤 1930년대까지 조선인들은 건축청부업 분야에서 특별한 발자취를 남기지 못했다. 그도 그럴 것이 민간의 건축 수요를 기대하기 어려운 경제 상황에서 관청이 발주하는 건축 공사가 대부분이었기 때문이다. 조선총독부 발주 공사 대부분을 수주한 것은 일본인 건축청부업자들이었다.

조선총독부는 일제강점기에 입찰 방식에 몇 차례 변화를 주었지만, 기본적으로는 발주자 임의 선정 방식을 선호했다. 이를 통해 일본인 건축청부업자의 성장을 노골적으로 지원하고 조선인 건축청부업자의 성장을 제한했다.[19] 이런 상황에서 1920~30년대 무렵에 조선인 건축청부업자가 등장하기 시작했다. 그 배경에는 우선, 조선총독부가 조선 내 회사의 설립과 운영을 통제하기 위해서 운용한 〈회사령〉의 폐지(1920)가 있다. 〈회사령〉의 폐지로 조선인 건축청부업자들에게 일을 줄 조선인 자산가가 생겨날 조

18 김난기, 〈근대 한국의 토착 민간 자본에 의한 주거 건축에 관한 연구〉, 《건축역사연구》 제1권 제1호.

19 이금도 외 1인, 〈조선총독부 발주 공사의 입찰 방식과 일본 청부업자의 수주 독점 행태〉, 《대한건축학회논문집 계획계》 22권 6호, 2006.

건이 마련되었다. 지방 이탈 인구가 경성으로 몰려들면서 때마침 주택 수요가 폭발적으로 증가한 것도 조선인 건축청부업자의 등장을 촉진하는 계기였다. 게다가 1916년 문을 연 경성고등공업학교의 건축과를 졸업한 조선인 전문 인력들의 건축업계 진출도 활발해졌다.

현재 알려진 이 시기의 조선인 건축청부업자로는 1920년부터 활동을 시작한 건양사 외에 마공무소(대표 마종유), 오공무소(대표 오영섭), 조선공영주식회사(대표 이해구) 등의 회사와 김종량, 정희찬 등의 개인이 있다.[20] 그러나 이 조선인 건축청부업자들은 조선총독부의 기록부인 〈청부업연감〉이나 조선건축회의 〈회원목록〉 같은 공식적인 기록에서 이름을 발견할 수는 없고, 몇몇 기록과 구술을 통해서 이들의 존재를 확인할 수 있을 뿐이다. 이들은 주로 조선인을 대상으로 하는 도시한옥을 건설하면서 성장했다.

북촌 개발

북촌의 도시한옥은 일본계 금융자본이 조성한 택지 위에 건설되었다. 결국, 북촌이 현재의 모습을 갖추게 된 것은 한편으로 일본계 금융자본이 북촌에서 벌인 부동산 투자의 결과물이다.

일제강점기 경성에 분 부동산 투자 붐은 오늘날에 못지않았다. 1920~30년대 내내 전쟁 준비와 경제공황에 따른 경기 불안이 만연했다. 조선 내적으로는 구 화폐였던 백동전의 철폐령으로

20 김난기, 앞의 논문, 111쪽.

화폐 가치가 떨어지면서, 비교적 안정적인 자산으로 인식된 부동산에 대한 투자 경향이 나타나기 시작했다. 여기에 경성으로 유입되는 농촌 인구로 경성의 인구가 폭발적으로 증가하면서, 주택 수요에 비해 공급이 턱없이 부족해졌다.

이런 상황에서 북촌에 신식 학교들이 들어서자, 지방의 내로라하는 조선인 부호들이 북촌으로 몰려들었다. 남산 자락과 을지로 일대를 이미 일본인들이 점유하고 있었기 때문에 상경하는 조선인들은 중심가에 가까운 북촌에 살기를 바랐다. 한 연구에 따르면, 1927~38년 도성 안에서 조선인 가구가 100세대 이상 증가한 곳의 상당수가 북촌에 있었다. 이즈음 경성의 주택 부족률은 날로 심각해져, 1925년에 4.45%였던 주택 부족률이 1935년에는 22.46%로 치솟았다.[21] 이래저래 경성에서 집을 찾는 사람들이 많았다.

조선시대 이래로 줄곧 양반들의 거주지로서 대형 필지들이 많았던 북촌이 현재의 필지 모습을 갖추게 된 것은 이때부터다. 북촌은 경복궁, 창덕궁과 가장 가까워 오랫동안 왕실의 친인척들과 당대의 세도가들이 많은 땅을 소유했다. 게다가 북한산 끝자락이라서 평지가 많지 않았다. 따라서 대형 필지나, 경사지와 암반으로 이루어진 산지가 많았다.

오랫동안 조용하던 북촌의 땅들이 토지 시장에 등장한 때는 경성이 부동산 투자로 들썩이기 시작한 1920년대 전후다. 나라의

21 가회동, 계동, 원동, 안국동, 삼청동이 여기에 해당한다. 박철진, 〈1930년대 경성부 도시형 한옥의 상품적 성격〉, 서울대학교 석사학위논문, 2002, 8쪽.

주인이 뒤바뀌던 때, 북촌의 많은 땅도 당대의 자본가들 혹은 부동산 회사들에게 넘어갔다. 대표적으로 조선 왕실의 종친 이재현이 소유하고 있던 계동 2번지가 1914년 조선토지경영주식회사의 이사 격이던 스에모리 토미요시(末森富良)에게, 박영효가 주인이던 가회동 1번지는 1928년 일본 실업계의 거물 노구치 시타가우(野口遵)에게 옮겨 갔다. 또 토지조사사업 이후 국유지로 분류된 많은 땅이 개인에게 넘어갔는데, 그중에는 오랫동안 북촌 주민의 산책지대로 사랑받은 삼청동 35번지가 1925년 무렵 경성부에서 "집장사"를 하던 정희찬에게 넘어가기도 했다. 오랫동안 유휴지로 남아 있던 북촌의 넓은 땅들이 매매되면서 쪼개어 파는 땅들이 생겨났고, 조선토지경영과 같은 부동산 경영 회사들은 대형 필지를 사서 주택용 필지로 나눠 일반에 분양하기 시작했다. 이들 부동산 경영 회사는 대부분 일본계였는데, 일본계 자본이 대거 들어온 계동에서는 이전의 조선에서는 볼 수 없던 네모반듯한 주택지들이 생겨났다.

이렇게 새로 조성·분양되는 택지에 주로 도시 화이트칼라 계층이 들어왔다. 그러면서 오랫동안 세도가와 양반 계층이 주 거주자였던 북촌의 인구 구성은 근대적 경제체제에 종사하는 도시 중산층으로 변모했다. 이런 분위기에서 그동안 일본인 청부업자들이 독점하다시피 한 건축청부업에 '개량된 조선 가옥'인 도시 한옥을 지어 파는 가옥 회사가 등장했다.

일본은 조선을 강제 병합한 1910년부터 회사 설립을 허가제로 유지한 〈회사령〉을 공포했다. 조선총독부는 이 〈회사령〉을 통해

북촌 가회동 1, 11, 31, 33번지 개발에 따른 필지 변화. 왼쪽부터 차례로 1912년, 1936년, 2012년(출처: 정기황·송인호, 〈서울 가회동 11번지 도시한옥 주거지의 필지 형성 과정 연구〉, 한국건축역사학회).

서 조선인 기업의 설립과 경영을 엄격히 제어했다. 조선인 회사는 매우 제한적으로 출현했다. 하지만 1919년에 3·1운동이 일어나면서 문화통치로 전환했고, 그 과정에서 〈회사령〉이 철폐되었다. 경성에서 조선인들이 운영하는 회사들이 등장할 수 있는 여건이 마련된 것이다. 여기에 날로 늘어나는 경성의 주택 수요와 1920년을 전후로 한 부동산 경기의 활황으로 경성에서 가옥 장사는 전망 있는 사업 가운데 하나로 여겨졌다. 1936년 《매일신보》에 당시의 분위기를 전하는 인터뷰 기사가 실렸다. 기사는 지방과 농촌에서의 경제적 어려움과 교육 문제로 이주가 많았다고 인터뷰를 통해 밝힌다. 또한 "새 부락"으로 표현하듯 한 채, 두 채가 아니라 마을 규모로 개발되고 있었다.

> 최근 십여 년 전부터 시골서 소위 비견된다는 사람들이 서울에 와서 서울 장안에는 그들이 사는 산뜻한 새집으로 군데군데에는 새 부락을 이루었습니다. 뒤를 이어 서울로 살러 오는 그들의 구실을 들어보면, "좁은 시골에서 밥풀이나 먹으면 인아 지척 간에 뜯겨 못 살겠

고, 얼씬만 하면 기부를 받아 가는 통에 못 살겠고, 일반 세금도 서울에 비교하면 많이 내게 됩니다. 게다가 다달이 서울을 나와 공부하는 아들딸 자식에게 학비를 부쳐 주어야 하지요. 그러고 보니 암만 해도 시골서는 못 살겠어요"라고 이구동성으로 말합니다.[22]

북촌의 도시한옥 가운데 상당수는 당대에 유명했던 조선인 건축청부업자 정세권이 설립한 건양사에서 지은 것이다. 북촌이 지금의 모습을 갖추는 데 건양사와 건양사의 도시한옥이 매우 중요한 역할을 한 셈이다. 특히 가회동의 옛 정취를 느끼기 위해서 관광객들이 많이 찾는 가회동 31번지, 33번지, 35번지에 건양사의 주택으로 확인된 곳은 65개소 정도다.[23]

정세권의 건양사

건양사는 경상남도 고성 출신의 조선인 사업가 정세권이 1920년 종로구 익선동을 기반으로 설립한 건축 청부 회사다. 건축청부업을 표방하기는 했지만, 초기에 건양사는 오래된 집을 사들여 고쳐 파는 일부터 시작했던 것 같다. 건양사의 초기 영업 방식은 1930년 "시내 관훈동에 있는 가옥 건축 급매매 영업을 하는 건양

22 〈집갑 폭락 시대의 무시무시한 그때를 말하는 건양사주 정세권 씨〉, 《매일신보》 1936. 5. 21.

23 건양사의 정세권 외에 북촌에 도시한옥을 건설한 회사 혹은 사람 가운데 현재까지 확인된 것은 삼청동 35번지 일대의 도시한옥을 건설한 정희찬, 정대규, 일본 유학파 출신의 건축가 김종량(金宗亮), 가회동 1번지 개발에 관여한 이종구, 양안석 등이다.

사에서는 그 영업이 헌 집을 사서 새집으로 고쳐 파는 관계상 가옥 명도에 대하여 종래부터 말썽이 많았는데 건양사에서는 이번에 또다시 시내 익선동 33번지에 있는 옛날 완화궁이던 낡은 집을 사가지고 장차 새로 건축을 계획하는 중 그전부터 그 집에 들어 있던 26호와 반도여자학원은 장차 갈 곳이 없서 방황하는 중인데 (…) 집을 헐기 시작하야"[24]라는 신문 기사를 통해서 추측할 수 있다. 기사는 당시 건양사가 구옥이 있던 자리에 새집을 짓기 위해 기존의 거주인들을 내보내는 과정에서 벌어진 갈등을 이야기하는데, 건양사를 오래된 구옥을 사서 새집으로 고쳐 파는 일을 하는 곳이라고 소개한다.

오래된 구옥을 고쳐 팔던 건양사가 본격적으로 북촌에 집을 짓기 시작한 것은 1930년 전후다. 당시 건양사는 주택 관련 전문 기술자를 보유한 전문업체였다. 한 증언에 따르면, 당시 건양사는 집 짓는 데 필요한 목수와 미장이를 200~300명 보유하고 있었다고 한다. 그 가운데에는 전통적인 건축 현장에서 활동하던 대목(큰 건축물을 잘 짓는 목수) 등이 있었다. 하지만 당시도 지금과 마찬가지로 도시한옥에 대한 평가가 엇갈려서, 목수들은 종종 자기 이름 밝히기를 꺼렸다. 실제로 전통적인 장인의 영역으로 여겨진 목수 세계에서 도시한옥의 기술적인 성취는 무시되곤 했다.

건양사는 점차 고밀화되는 북촌에서, 기존의 넓은 필지 위에 채 단위로 건설하던 조선식 주택의 방식에서 벗어나 좁은 대지

24 〈몰인정한 건양사〉, 《동아일보》 1929. 6. 9.

위에 효율적인 공간 활용을 중시하는 도시형 한옥의 생산에 주력했다. 게다가 건양사는 당시 속임수와 부실 공사가 만연하던 건축청부업 분야에서 적정가격 제시와 책임 시공을 강조했다.

조선물산장려회의 기관지로 1931년 8월에 발간된 《실생활》에는 건양사의 건축청부업과 주택 판매에 관한 내용을 추정해 볼 수 있는 〈건양사의 방매가(放賣家)〉 광고가 영업 안내 형태로 상세히 게재되어 있다. 광고에 따르면, 당시 건양사의 주택은 에누리 없이 거래되는 대신 시중 거래가보다 20% 할인된 가격으로 판매되었다. 또 주택 구매 자금을 건양사가 직접 대출해 주는 제도를 시행했다. 건양사는 자신들의 주택을 구매할 이들에게 매매가의 60%까지 대출해 주고 대부금의 상환 방식을 자유롭게 정할 수 있도록 했다. 지금과 같은 주택 관련 금융업이 존재하지 않던 때에 파격적인 조건이 아닐 수 없다. 또한 구매한 주택에 하자가 발생할 경우, 수리를 책임지고 그 비용을 회사가 부담했다.

방매가는 위생상·실용상·경제상 합리적인 것

1. 건양사는 가옥을 방매한 후 하시던지 해가옥에 결점이 발견될 시는 즉 시수리하고 기비용을 건양사에서 부담함으로 건양사의 가옥은 안심하고 거주할 수 잇습니다.

1. 건양사는 가옥 대금을 현시가보다 오분급지 일할의 안가로 확정하고 에누리를 하지 아니함으로 건양사의 가옥은 매수할 시에 힘이 들지 안습니다.

1. 건양사에서는 우금 십일 년간 속으로 경성 시내에 가옥 일천수백 호를 건축한 경험이 잇고 육년 전부터는 주택개선에 부단히 노력과 거액의 소비를 희생하엿슴으로 건양사의 가옥은 간수보다 쓸모가 잇고 또 경제적이오 위생적입니다.

1. 건양사에서는 가옥을 매도할 시에 기 매수인이 대금이 부족하시다면 해가옥의 가격의 육할까지의 금액을 대부하고 변제 방법은 지극한 편리를 원함으로 건양사의 가옥을 매수하는 데는 대금이 부족하여도 하등 염려가 업습니다.

1. 최근 신축한 방매가의 대지 외 가옥칸수와 가격은 좌기와 갓습니다.[25]

광고에 따르면, 당시 건양사가 북촌에서 판매하던 주택의 가격은 계동 101-4번지의 경우 대지 33평, 14칸 반의 가옥이 2,750원이다. 여기에 주택 청부를 위해 참고할 수 있는 건축비가 제시되어 있는데, 팔판동 52번지에 건축된 7칸 반 주택의 경우 건축비가 885원, 권농동 123번지 10칸 반 주택의 경우 건축비가 1,300원이다. 광고에 실린 팔판동과 사직동, 화동 등의 주택 건축비를 칸당 건축비로 환산하면 100~150원 정도다. 이를 근거로 계동 101-4번지의 가격을 다시 환산하면 건축비는 1,450~2,170원이다. 또

25 〈建陽社의 放賣家〉, 《실생활》, 제1권 제1호, 1931. 8.

祝實生活創刊

營業案內

◉建陽社의放賣家

一、建陽社는家屋을放賣한後何時던지該家屋에缺点이發見될時는即時修理하고 其費用을建陽社에서負擔함으로建陽社의家屋은安心하고居住할수잇습니다

一、建陽社는家屋代金을現時價보다五分乃至一割의安價로確定하고 에누리를하지아니함으로建陽社의家屋은買受할時에힘이들지안습니다

一、建陽社에서는于今十一年間繼續으로京城市內에家屋一千數百戶를建築한經驗이잇고 六年前부터는住宅改善에不斷의努力과巨額의消費를犧牲하엿슴으로建陽社의家屋은間數보다쓸모가잇고 또經濟的이오衛生的입니다

一、建陽社에서는家屋을賣渡할時에其買受人이代金이不足하시다면該家屋의價格의六割까지의金額을貸付하고返濟方法은至極히便利를圖함으로 建陽社의家屋을買受하는데는代金이不足하여도何等念慮가업슴니다

一、最近新築한放賣家의垈地와家屋間數와價格은左記와갓슴니다

所在地	垈地坪數	間數	價格金	備考
桂洞一〇一ノ四	三三	一四、五	二、七五〇	溫突六間半 大廳三間 板房一間其他
桂洞九九ノ一	二〇	八、〇	一、四四〇	溫突三間半 大廳二間其他

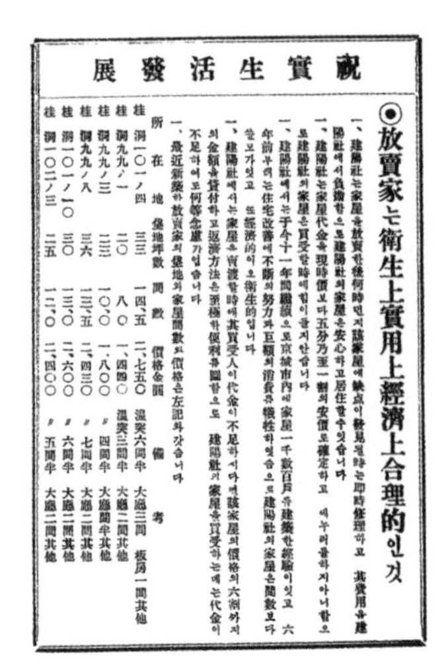

祝實生活發展

◉放賣家는衛生上實用上經濟上合理的인것

一、建陽社는家屋을放賣한後何時던지該家屋에缺点이發見될時는即時修理하고 其費用을建陽社에서負擔함으로建陽社의家屋은安心하고居住할수잇습니다

一、建陽社는家屋代金을現時價보다五分乃至一割의安價로確定하고 에누리를하지아니함으로建陽社의家屋은買受할時에힘이들지안습니다

一、建陽社에서는于今十一年間繼續으로京城市內에家屋一千數百戶를建築한經驗이잇고 六年前부터는住宅改善에不斷의努力과巨額의消費를犧牲하엿슴으로建陽社의家屋은間數보다쓸모가잇고 또經濟的이오衛生的입니다

一、建陽社에서는家屋을賣渡할時에其買受人이代金이不足하시다면該家屋의價格의六割까지의金額을貸付하고返濟方法은至極히便利를圖함으로 建陽社의家屋을買受하는데는代金이不足하여도何等念慮가업슴니다

一、最近新築한放賣家의垈地와家屋間數와價格은左記와갓슴니다

所在地	垈地坪數	間數	價格金圓	備考
桂洞一〇一ノ四	三三	一四、五	二、七五〇	溫突六間半 大廳三間 板房一間其他
桂洞九九ノ一	二〇	八、〇	一、四四〇	溫突三間半 大廳二間其他
桂洞九九ノ三	二三	一〇、〇	一、八〇〇	〃 四間半 大廳間半其他
桂洞九九ノ八	三六	一三、五	二、四三〇	〃 七間半 大廳二間其他
桂洞一〇一ノ一〇	三〇	一三、〇	二、六〇〇	〃 六間半 大廳二間其他
桂洞一〇二ノ三	二五	一二、〇	二、四〇〇	〃 五間半 大廳二間其他

〈건양사의 방매가〉, 《실생활》 제1권 제2호, 1931. 8.

광고에 따르면 1930년 당시 건양사가 관여한 한옥 주택지는 계동 99번지, 익선동 166번지와 33-16번지, 19번지, 제동 45-1번지와 창신동 651번지로, 이곳에 지어진 한옥은 매매의 경우 칸당 200원, 전세의 경우 140원으로 거래되었다.

건양사는 이처럼 신문과 잡지의 광고란을 적극 이용해 주택 판매를 홍보했다. 《동아일보》와 《조선일보》를 주로 이용했는데, 《조선일보》에는 1929년 2월 7일부터 1930년 2월 16일까지 총 37회에 걸쳐 광고를 실었다.[26]

건양사는 전문 인력이 "우리 종래의 관습을 무시하지 않고 현

26 김경민, 《건축왕, 경성을 만들다》, 이마, 2017, 92쪽.

대 문화적인 이상적 주택을 원하는 이"[27]에게 공급하는 전문업체였다. 따라서 건양주택 구매자는 전문적인 기술진이 설계한 "위생적이고 실용적인 주택을 합리적"으로 사는 셈이었다. 당시 공사 계약 사기와 날림 공사가 비일비재하게 일어나던 건축청부업계에서 건양사는 전문 인력을 통한 양질의 주택 공급을 약속했다. 게다가 주택의 최종 가격을 대출해 주고 사후 처리까지 완벽하게 보장하는 파격적인 영업 방식은 건양사가 빠르게 성장하는 기반이 되었다.

조선집의 형식적인 승리

개항·개화기 조선에 열강의 문화가 물밀듯이 쏟아져 들어왔고, 지식인들은 근대 개념의 도입과 서구 문화의 유입을 주장했다. 이들은 무비판적인 외국 문물의 도입을 주장하는 사대주의자라 비판받기도 했다. 그 와중에 일제통감부가 설치(1905)되고 한일병합조약(1910)으로 일제강점기가 시작되었다. 조선인들에게 조선집을 포함한 조선 문화는 자신들의 정체성을 지키는 유일한 길이었다.

오히려 한반도에 온 선교사를 비롯한 외국인들이 조선집을 기반으로 자신들의 문화를 담은 다양한 건축물을 만들었다. 하지만 이는 소수의 지식인층에만 받아들여졌고, 일반인 대부분은 여전히 조선집을 선호했다. 일반인들이 조선집을 선택한 데는 양반

27 김경민, 같은 책, 92쪽.

가옥이라는 상징적 의미에 부여된 신분 상승의 욕망이 담겨 있었다. 그러자 지식인들과 건축전문가들이 조선집의 개선 담론을 만들고 다양한 개선안을 내놓았다. 특히 건양사의 정세권은 이런 시대적 흐름을 잘 읽고 있었다.

하지만 조선집은 변화된 생활방식이나 도시에 적응해 거주자의 나은 삶, 도시적 삶을 담아내는 집으로 선택되거나 지어진 것이 아니었다. 인구 급증에 따른 조선총독부 주도의 대규모 개발에 따라 조선집이 대량생산되었다. 이 또한 도시의 적응 과정이지만, 개발과 산업의 측면에 집중되면서 조선집은 열악한 주거(환경)와 부동산 투기의 대상이 되었다. 그리고 이 시기에 나타난 건축청부업은 건설 (하)청부와 건설 (하)도급의 형태로 지금까지 이어지고 있다. 조선집은 형식적으로는 이겼지만, 내용적으로는 더 많은 고민을 남겼다.

절충의 시대

3

근대 도시의 탄생과 (도시)집

문화는 개인과 개인, 지역과 지역의 교류를 통해 발전한다. 이 과정에서 이상한(새로운) 것과의 절충은 필연적이며 사회의 발전을 위해 필수적이다. 절충은 단순한 모방이거나 급진적 적용 실험에 가깝다. 여전히 이상하거나 더 이상한 어색한 단계다. 하지만 이 과정에서 장소의 필요와 생활의 필요에 따른 선택으로 진화와 퇴화가 결정되고, 지속된 변화가 쌓이면서 새로운 문화가 만들어진다. 그런 점에서 도시한옥이 개발되기 시작한 1920년부터 박정희 군사독재정권이 시작된 1962년까지를 한옥의 역사에서 대표적인 '절충의 시대'라 부를 수 있다.

개항 이후 이양 건축물이 지어지고 개화로 근대 건축 교육이 이루어지면서 조선시대 건축에 대한 비판이 일었다. 특히, 신분제를 기반으로 한 대형 필지에 대규모 저택과 행랑채로 이루어진 공간의 허례, 여성에게 집중된 가사 노동과 비위생적인 공간의 문제점에 대한 비판이 많았다. 또한 조선시대 건축물의 지붕 구조, 난방(온돌) 방식, 주방 설비 등의 기술적 문제와 응접실·서재·복도 등 새로운 공간의 도입이 주장되었다. 그럼에도 새롭게 건설되는 조선인들의 주택은 여전히 조선시대 가옥 구조를 대체로 유지했다. 주택은 가부장적 체계에서 보수적으로 결정되었기 때문에 더욱 그러했다.

이양 건축과의 절충 시도는 지식인층을 중심으로 1920~30년대에 두드러지게 나타났다. 국내에서 근대 교육을 받거나 일본과 미국 등지로 유학하고 돌아온 지식인이 많아졌고, 1910년 제정된 〈회사령〉이 1920년에 해제되어 조선인 건축업체들이 설립되었기 때문이다. 무엇보다 이 시기에 경성을 중심으로 도시지역에 인구가 집중되면서 대규모 주택 건설이 이루어졌다.

이 시기 경성 지역 조선인들은 종로 북쪽의 북촌에 밀집해 살았다. 일본인 밀집 지역인 남촌과 그곳의 일본식 주택(일옥)의 외형에 거부감이 있었기 때문이다. 하지만 조선인들은 복도(廊下)와 정원 등 일옥의 공간 형식은 받아들였다. 외형에 대한 기피는 식민지 지배자에 대한 반감 때문이었을 것이고, 공간 형식의 수용은 마당을 중심으로 공간이 분리된 한옥 동선의 불편함 때문이었을 것이다. 이렇게 당시의 조선인들은 양옥(일옥 포함)에 한옥의 특성을 절충하거나, 한옥에 양옥의 특성을 절충하는 방식으로 주택을 지었다. 이러한 절충 건축물을 서양의 양(洋)에 조선을 뜻하는 조(朝)와 선(鮮)을 붙여 조양절충, 선양절충이라고 불렀다. 대한제국의 한(韓)을 붙여 한양절충으로 부르기도 했다.

가회동한씨가옥

'가회동한씨가옥'은 한옥에 양옥과 일옥의 특성을 절충한 초기 형식을 잘 보여 주는 사례다. 7량가가 넘는 규모에 기와를 얹은 집으로, 지금 사람들이 보기에 전통 한옥이지만 정확히는 한·양·일 절충 가옥이다. 이 가옥의 건립 시기는 명확하지 않다. 다만, 한 씨(한상룡)가 거주하기 시작한 것은 1928년 이전이다. 한상룡은 현재 북촌 화동에 있는 '백인제가옥'을 1913년에 지어 1928년까지 살았다. 그는 사람들이 '만약 을사육적이 있었다면, 여섯 번

가회동한씨가옥 전경(출처: 〈문화재실측 보고서〉, 문화재청).

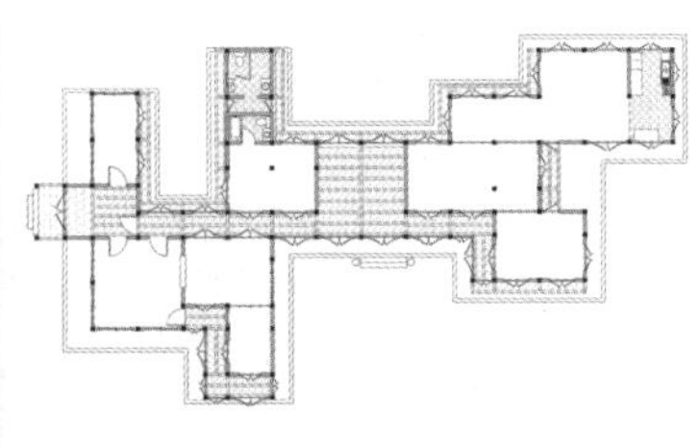

가회동한씨가옥 평면도(1900년대 초).

째는 한상룡이었을 것'이라고 말할 정도로 대표적인 친일파였다. 특히 북촌에 모여 살던 민영휘(아들 민대식/가회동 31번지), 한창수(아들 한상억/가회동 11번지), 이재완(아들 이달용/가회동 1번지)과 함께 한성은행 설립에 주도적인 역할을 했다. 한성은행 전무취제역이었던 한상룡은 은행 경영이 나빠지자, 이 가옥의 소유권을 1928년 한성은행에 넘겼다. 그 뒤 한상룡은 가회동한씨가옥에 거주했다. 따라서 가회동한씨가옥은 1928년 이전에 지어졌고, 절충 형식으로 볼 때 백인제가옥과 마찬가지로 한상룡이 직접 개입해 증개축했을 가능성이 높다.

가회동한씨가옥은 전면 진입구인 포치(Porch)가 인상적이다. 당시의 서양식 포치는 절충 형식으로 지어진 선교사 사택에 많이 나타나는데, 창덕궁 희정당에도 있다. 이러한 포치는 왕릉의 제각(祭閣)인 정자각(丁字閣)과 같은 형식이다. 다만 정자각은 진입구가 아니라 제실과 연계된 누마루로, 지붕을 덮은 외부 공간이다. 정자각은 고려시대의 제도에 따른 것이니, 기술적으로 오래된 방

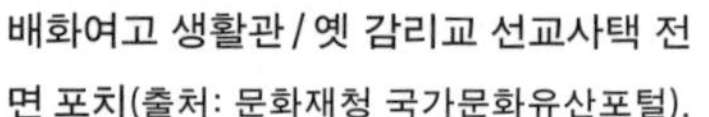

배화여고 생활관 / 옛 감리교 선교사택 전면 포치(출처: 문화재청 국가문화유산포털).

유진 벨(Eugene Bell) 선교사 사택 / 광주시 양림동(출처: 《국민일보》, 2017. 2. 28).

현종 숭릉 정자각(출처: 문화재청 국가문화유산포털).

태조 건원릉 정자각(출처: 국립문화재연구소).

식이다. 현재 팔작지붕으로 된 정자각은 숭릉(崇陵)[01]뿐이다. 하지만 세조 광릉 등 몇 개의 정자각은 다시 만들기 이전에 팔작지붕으로 되어 있었다. 대부분 넓은 지붕면을 전면으로 하는 동아시아 건축물의 전면에 돌출된 형태였다. 그와 달리 가회동한씨가옥은 측면에 포치를 배치해 인상적이다. 포치를 지나 현관에 들어서면 긴 복도로 모든 공간이 연결되며, 돌출된 건물 사이의 외부

01 조선 제18대 국왕인 현종과 명성왕후 청풍김씨의 쌍릉 합장릉.

공간은 마당이 아니라 식재로 조성된 정원이다. 무엇보다 조선시대 사대부가의 주택과 달리 안채와 사랑채를 구분하지 않았다.

이는 기술적인 변화라기보다 공간의 기능적 변화, 특히 공간 인식의 변화라고 볼 수 있다. 눈과 비를 피하면서 진입할 수 있는 포치, 복잡한 동선을 정리한 복도, 부엌·화장실·욕실 등 물을 사용하는 공간의 내부화, 서재·응접실·식당 등 공간 기능의 세분화는 조선시대에도 기술적으로 충분히 가능했다. 그런데 조선시대에는 왜 변화하지 못했을까? '마당을 중심으로 신발을 신고 벗고를 반복하며 이동해야만 하는 불편한 좌식의 공간 구조'와 '분리된 채와 부엌 등 복잡하고 긴 기능과 동선 체계', '침실뿐 아니라 식당·응접실·서재의 기능을 한 (안)방, 조리실·난방(보일러실)·창고(수납)의 기능을 한 부엌' 등 공간 기능의 문제를 인식하지 못했거나, 문제 제기할 조건이 되지 않았기 때문일 것이다. 하인과 여성이 대부분의 가사 노동을 감당했으므로, 남성 양반은 이런 문제를 인식조차 못했거나 예(禮)로 인식했을 가능성이 높다. 즉 남성 양반 중심의 문화가 만들어 낸 결과라고 할 수 있다.

도시계획을 만난 조선집

1920년대부터 경성 인구가 급증했다. 도성 안과 용산을 행정구역으로 한 경성은 늘어난 인구와 그에 따른 주택 수요를 감당할 수 없었다. 조선총독부는 1934년 6월 20일에 한반도 최초의 근대적 도시계획법인 〈조선시가지계획령〉을 제정하고, 경성의 행정구역을 성저십리와 영등포로 확장했다. 이에 따라 경성의 경우

'돈암, 영등포, 대현, 한남, 용두, 신당, 공덕, 청량리, 사근, 번대' 등 10곳이 개발 지구로 지정되었다. 교외 지역에 대규모 주거 단지를 개발하는 신도시 개발이었다.

하지만 10개 지구 가운데 돈암지구와 영등포지구만 사업을 실행해 1940년 12월에 완료했다.[02] 돈암지구는 당시 전체 인구가 4,000명 내외인 미개발 지역이었다. 경성시가지계획이 시행되던 1930년대 후반, 일제의 정책 기조는 내선일체(內鮮一體)였다. 따라서 도시계획에도 조선인과 일본인이 구분 없이 사는 내선혼주를 기획했다. 혼주를 통해서 조선인과 일본인의 생활양식을 일체화하려는 의도였다. 돈암지구 역시 일본식 세장형 필지 구조(도로에 면한 좁고 긴)의 내선혼주 지역으로 계획되었다. 그러나 일본식 세장형 필지는 실제로 10×10m(정방형)의 작은 필지로 쪼개져 대부분 도시한옥으로 개발되었다. 당시 경성 지역 전체의 일본인 비율은 30%에 달했다. 그러나 돈암지구 완공 뒤인 1942년 7월, 돈암지구의 인구 6만9,904명 중 일본인은 1,001명(1.43%)에 불과했다. 내선혼주 기획은 어긋난 셈이다.[03]

돈암지구 개발에 수많은 건설업체가 참여했다. 동경건물주식회사, 경성재목점, 조선공영주식회사 등이 대표적이다. 동경건물주식회사는 돈암지구 동선동 일대에 주택을 지어 분양했다. 일본에 본사를 둔 일본업체인데도 1939년 첫 분양에서 '순조선식주

02 서울특별시, 《서울토지구획정리백서》, 2017, 150쪽 참조.

03 서현주, 〈경성 지역의 민족별 거주지 분리의 추이(1927~1942년)〉, 《국사관논총》 94권, 국사편찬위원회, 2000, 25쪽 참조.

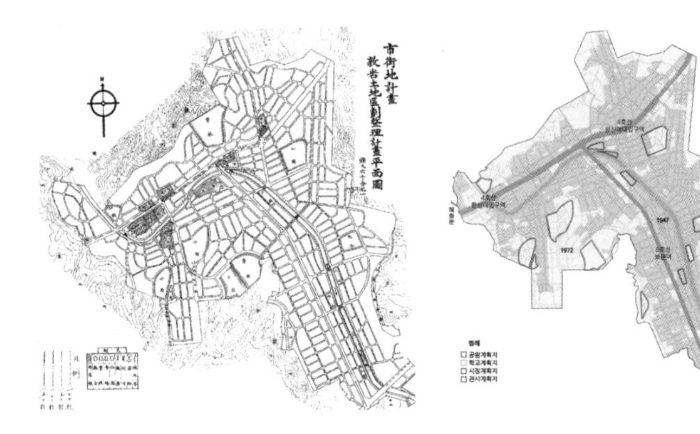

1936년 돈암지구 계획도. 가구로 분할된 계획도면에 공원, 학교, 시장과 제척지가 표현되어 있다. 제척지는 기존에 빈민촌 등의 주거지가 있던 곳이다.

돈암지구 실행도(1947, 1972). 돈암지구는 1936년 시작해 1941년 완공되었으나, 이후 구릉지(낙산, 개운산 등)를 따라 지속해서 개발되었다.

택'을, 1940년에는 '조선식고급주택'과 '문화식고급주택'을 공급했다. 경성재목점은 동경고등공업학교 건축과를 졸업한 김종량의 회사로, 경성 곳곳에 일옥과 결합한 한옥 등 공격적인 설계와 시공으로 도시한옥을 공급했다. 경성재목점은 돈암지구 동선동 지역에 "ㅣ+ㄱ자", 마당이 도로로 열린 독특한 형태의 도시한옥을 공급했다. 조선공영주식회사는 1939년에 한상룡이 일본인과 함께 설립했다. 경성고등공업학교 출신 장기인이 1939~45년에 근무하며 한옥을 설계하고 만들었다. 특히 돈암지구 안암동 일대에 다양한 규모와 가격의 도시한옥을 공급했고, 당시 돈암지구의 상황을 파악할 수 있는 내용을 신문광고로 남겼다. 장기인은 해방 뒤 《한국건축사전》 등 한국 전통 건축과 관련한 수많은 기록을 남겼고, 한국 전통 건축의 대표적인 전문가로 활동했다.

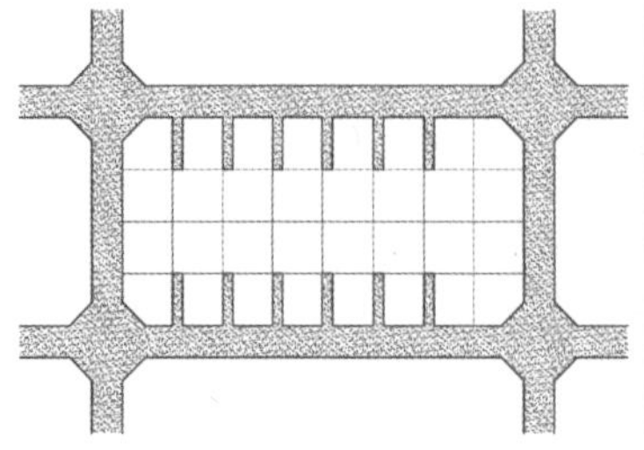

다이어그램. 동서 방향 6m 도로로 둘러싸인 4×8열(각 필지 10×10m)의 가구 구조.

1950년대 돈암지구 전경 사진(출처: 〈신도시 돈암(생활문화자료조사)〉(사진 임인식), 서울역사박물관, 2021).

돈암지구는 1941년에 완공되었지만, 분양 광고는 1939년(동경건물주식회사)과 1940년(조선공영주식회사)에 났다. 1936년 돈암지구 사업 시행 이후 조선총독부는 토지구획정리와 택지 분양, 건설업체들은 주택 건축과 분양을 순차적으로 진행한 것으로 보인다. 일본인 회사인 동경건물주식회사조차 순조선식주택, 조선식 고급주택을 공급한 것으로 볼 때, 돈암지구의 주 수요자는 조선인이었고 가옥 형태는 규모가 작은 서민층 주택이었을 것이다. 또한 교통 조건을 광고 맨 앞단에 배치한 것을 보면, 당시 돈암지구(현재 안암동, 보문동, 동선동 등)는 교외로 인식되었던 것 같다. 돈암정에는 그때까지 전차가 다니지(1941년 개통) 않았다. 무엇보다 도시계획으로 건설된 신도시로서 수도·전기·도로·하수 등의 도시 인프라가 설치되었다. 건축적으로는 방 한 칸이 '사방 7척(약 2.1×2.1m)'이라고 강조하며, '실생활·미·공사 질'의 조화(倂)를 갖춘 저렴한 주택이라고 자랑한다. 사람이 누우면 가구조차 놓기 어려운 크기인데도 자랑스럽게 홍보하는 것으로 볼 때, 당시 건

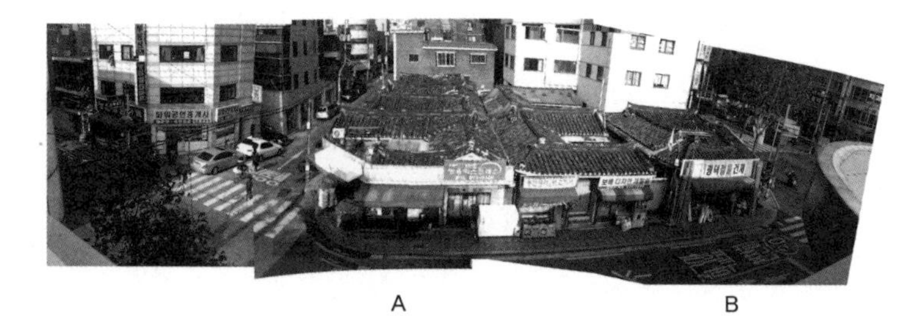

돈암지구(서울시 성북구 보문동) 도시한옥(2009).

돈암지구 항공사진(1959).

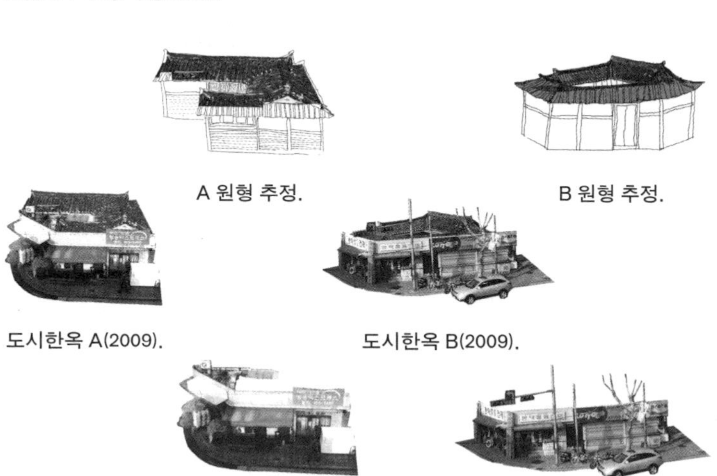

A 원형 추정.

B 원형 추정.

도시한옥 A(2009).

도시한옥 B(2009).

A 증개축 부분(2009).

B 증개축 부분.

설된 한옥들의 열악함과 주택난의 심각성을 느낄 수 있다.

안암장(安巖莊) 주택 매약 개시

당사 책임 경영 주택 제1기 공사 근일 준공, 고급 주택 희생적(犧牲的) 제공.

교통 돈암정 정류장에서 5분, 경마역에서 10분, 경성부 돈암 구획정리지구요. 도심(종로)부터 약 3분이면 충실(充實)합니다.

수도 시국 하 물가난을 극복하고, 각호에 1개씩 완비햇씁니다. 전등도 물론 완비햇씁니다.

개황(槪況) 경성부 시가지계획 주거지역으로 도로·하수 전부가 완비해 잇씁니다. 부근에는 소학교, 중학교, 전문학교가 잇서 장래 자제 교육상 최우량(最優良)지입니다.

건축 당사에 제일 자랑할 점은 7척 사방 1칸을 존중햇쓰며, 가격이 렴(廉)함으로 대단(大端) 유리하십니다. 제2로는 여러분의 실생활과 건축에 미를 병(倂)하야 항상 공사에 세심히 주의하야 지은 집입니다.

가격 급 칸수 1호 9.5칸부터 15.5칸까지, 1칸 460원부터 495원까지, 건평 1평당에 390원.

신청소 경성 종로 2정목 8번지 장안빌딩 2층, 조선공영주식회사.[04]

04 조선공영주식회사의 주택(한옥) 분양 예약 광고, 《매일신보》, 1940. 5. 28.

돈암지구 주택은 포치, 복도, 응접실 등 양옥과 일옥을 절충한 특징이 잘 드러나지 않는다. 하지만 시대적 상황 탓에 배치와 공간구성에서 절충이 필요했다. 일본식 필지를 정방형으로 쪼개면서 4열 필지 중 중앙의 2열이 도로와 면할 수 없게 되자, 막다른 도로를 두어 외부와 접점을 만들었다. 막다른 도로에 면한 한옥은 대문, 마당, 대청 등의 배치를 고민해야만 했다. 막다른 도로는 수도, 전기 등 도시 인프라의 진입로였으므로, 정화조 청소를 위해 화장실은 당연히 도로에 면해야 했다. 심각한 주택난은 대문과 면한 방을 셋집으로 만들었고, 외부에서 직접 진입하는 통로나 대문간과 마당의 경계에 중문을 설치해 공간을 구분했다. 특히 가구의 모서리 부분에 지어진 도시한옥은 가각전제로 집터 일부가 잘려 나갔기 때문에, 대문·마당·대청의 형식을 갖추기 위해서 새로운 건물 배치와 좁은 공간, 기와지붕이 만들어졌다. 이전에 지어진 한옥들에서는 찾아볼 수 없는 요소다. 도시계획과 대규모 개발은 한옥의 밀도(건폐율/용적률)와 배치라는 새로운 고민을 생산했다.

중당식 도시한옥을 실험한 건축 전문가들[05]

조선집은 1930년대에 집중적으로 지어졌다. 북촌과 돈암지구 개

05 중당식 도시한옥과 고희동 가옥에 관해서는 논문 〈Examining the significance of spatial layout experiments in Joseon houses: a detailed analysis of Jungdang-style houses in the 1920s-1930s Gyeongseong〉(Keehwang Jung & Hoyoung Kim, 2024)과 〈Adaptation process of a Korean traditional house to

발이 모두 이때 집중되었다. 대규모 주거지 개발은 대형 필지를 중·소형 필지로 분할하고, 각 필지에 건물을 지어 분양(임대)하는 방식으로 이루어졌다. 따라서 도시적 차원의 계획이 필요했다. 하지만 1934년 〈조선시가지계획령〉이 제정되기 전까지는 도시계획법이 없었으므로, 1913년 제정된 〈시가지건축취체규칙〉에 따를 수밖에 없었다. 그래서 〈조선시가지계획령〉에 따른 1936년 "경성시가지계획" 전후의 개발 방식은 차이를 보인다.

1930년 이전에는 막다른 도로를 따라 비정형의 필지로 분할해 순차적으로 개발했고, 필지 규모는 초소형에서 대형까지 제각각이었다. 그러나 1930년대 중반에는 차량의 통행을 고려한 순환형 도로(4m)를 따라 비교적 정형화된 필지로 분할해 개발했다. 그리고 1930년대 후반에는 정형화된 블록 구조와 필지로 개발되었다. 돈암지구의 계획 초기에는 10×20m(2열×8열)의 세장형 중형 필지였으나, 실제 개발은 한옥을 지을 수 있는 10×10m의 소형 필지로 조성되었다. 도시화가 진행되면서 필지 구조는 체계화·규격화·소형화하는 경향을 보였다. 이에 따라 〈시가지건축취체규칙〉에서 80%였던 건폐율은 〈조선시가지계획령〉에서 60%로 하향 조정되었다.

앞서 돈암지구에서 살펴본 것처럼, 좁은 필지의 중앙에 마당이 있는 '중정형'인 조선집은 인근 집들과 다닥다닥 붙여 지어졌다. 일조와 통풍 등 최소한의 조건을 갖추지 못한 열악한 주택이었

modern dwelling culture: focusing on Hui-Dong Go's house (1918-1959) in Wonseo-dong, Seoul〉(Keehwang Jung & Hoyoung Kim, 2023)을 기초로 해서 썼다.

		대형 300m^2 이상	중형 12×15m 150~299m^2	소형 10×10m 149m^2 이하
배치도				
배치 형식	블록	자연발생적/비정형	2열	4열×8열
	필지	비정형	15×12m / 12×10m	10×10m
	도로	가지형(막다른) 도로	남북 방향 환형 도로	동서 방향 도로 블록
	도로폭	2~4m	4m	6m / 2m(막다른 도로)
사례	지역	서촌	북촌	돈암
	시기	1930년대 이전	1930년대 중반	1930년대 후반

필지 구조의 변화와 특징(출처: 정기황, 《서울 도시한옥의 적응태》, 서울시립대학교 박사학위논문, 2015. 참조 재작성).

다. 일조와 통풍에 대한 고민은 주택을 부지 중앙에 배치하고 주변에 마당과 정원 등 외부 공간을 만드는 것으로 나타났다. 주택의 공간 구조는 각 공간(실)이 두 줄로 배치되어, 공간과 공간 사이가 벽으로 막힌 겹집 형식이 되었다. 이 형식을 대지 중앙에 배치했다는 의미로 '중당형', 또는 공간을 집중시켰다는 의미로 '집중형'이라고 부른다. 그리고 도시에 적응한 조선집이므로 '도시한옥'이라고 불렀다. 절충적 의미로 다시 보면, 도시한옥과 양옥·일옥의 가장 큰 차이는 배치 형식에서 조선집과 같은 중정식이냐, 양옥·일옥과 같은 중당식이냐다. 다시 말해 마당 중심의 홑집이

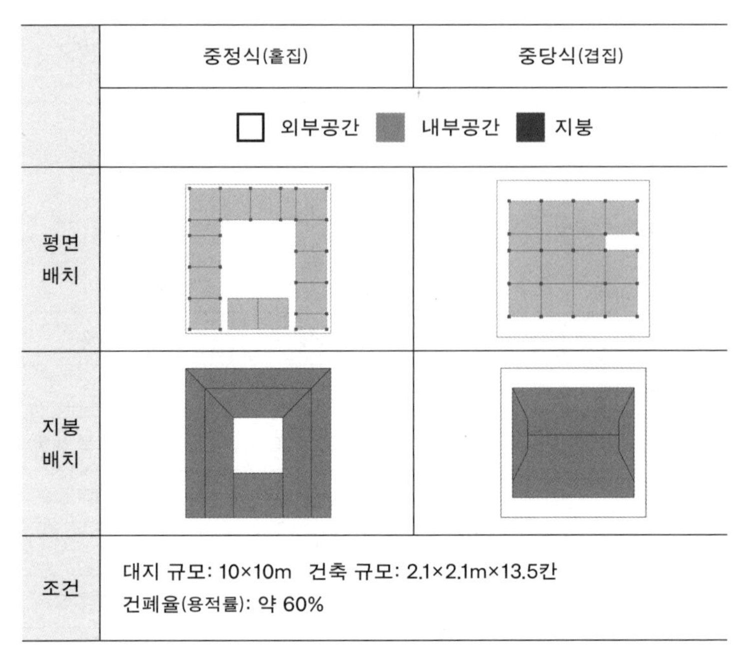

중정식과 중당식 배치 개념.

냐, 거실(복도) 중심의 겹집이냐다.

건물을 필지의 중앙에 배치해 필지에 외부 공간을 만드는 중당식 주택은 특별히 고안된 것이 아니었다. 왜냐하면 도시화 과정을 거치며 일반화된 형태로 도입된 양옥이나 일옥이 중당식 주택이었기 때문이다. 또한 도시화 이전의 조선식 주택도 넓은 필지 중앙에 마당이 있고 그 주변으로 넓은 공간이 있었는데, 일조와 통풍 측면에서 보면 중당식이었다. 그러나 1920~30년대에 인구 급증과 도시화로 도시 밀도를 높여야 하는 상황이 벌어졌고, 조선식 가옥은 이런 상황에 적응해야 했다. 조선식 가옥은 30평

(100㎡) 이내의 작은 필지에 중정식으로 지어져야 했기에, 마당을 둘러싼 '튼 ㅁ자', ㄷ자 등의 건물을 필지의 외곽에 붙여 짓고 중앙을 마당으로 비우는 방식으로 적응했다. 특히 2m 안팎의 좁은 도로를 따라 다닥다닥 붙여 지은 조선식 가옥은 집과 집 사이에 처마가 맞닿아 있었다.

1929년 《조선일보》와 건양사가 주최한 〈조선주택설계도안 현상〉에서 입상한 설계안을 보면, 모든 안이 중당식 도시한옥이다. 30평(100㎡) 안팎의 필지에 15평(50㎡) 안팎의 건물로, 건폐율이 50~60%다. 당시 한옥의 건폐율은 60~80%였다. 여기에 처마 하부 등을 증축해서, 도시한옥은 일조와 통풍에 매우 취약했다. 이에 대한 개선 방안을 내놓은 것이 입상작들이었다. 1등 안은 건물을 중앙에 두고 필지에서 건물을 일정 거리 이상 이격시킨다. 2등 안과 선외 가작2는 조선 가옥과 같이 꺾임 형태로 비교적 큰 마당을 조성하는 방식을 취한다(119쪽 참조).

이런 중당식 주택의 흐름은 건축 전문가들에게도 나타난다. 1928년 일본 와세다대학교 건축과의 첫 조선인 졸업생인 김윤기, 1928년 동경고등공업학교 건축과를 졸업한 김종량, 1919년 경성고등공업학교 건축과를 졸업한 박길룡, 건양사를 설립한 정세권이 대표적이다.

김윤기는 졸업논문으로 〈조선 주가에 대해〉를 쓸 정도로 조선 주택에 관심이 많았고, 열악한 주거 문제를 개선하려는 의지가 굳셌다. 1927년 〈조선 주가에 대한 촌찰〉(《建築新潮》 8년 9호), 1929년 〈주택설계고안 소감 1~4〉(〈주택설계도안〉 심사평), 1930년 〈유일한

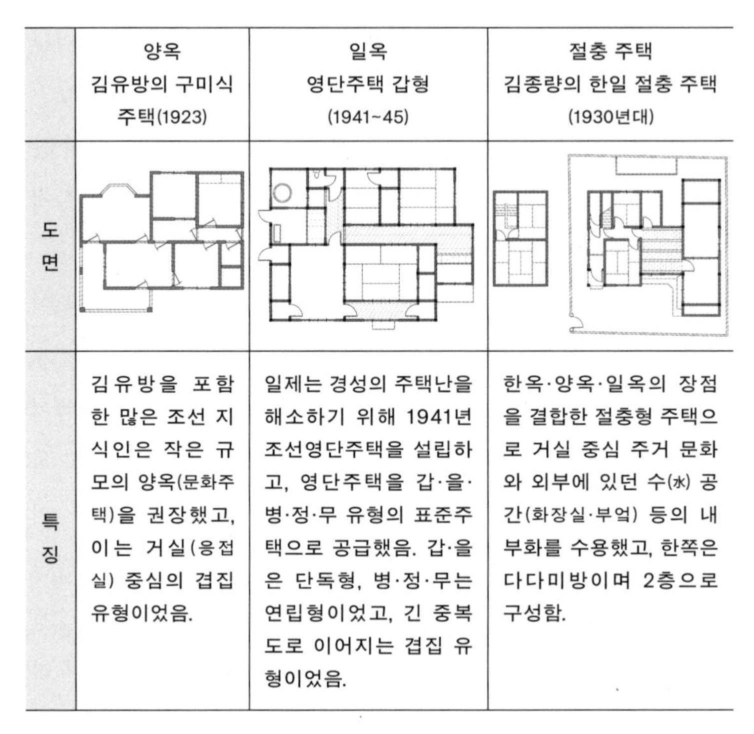

	양옥 김유방의 구미식 주택(1923)	일옥 영단주택 갑형 (1941~45)	절충 주택 김종량의 한일 절충 주택 (1930년대)
도면			
특징	김유방을 포함한 많은 조선 지식인은 작은 규모의 양옥(문화주택)을 권장했고, 이는 거실(응접실) 중심의 겹집 유형이었음.	일제는 경성의 주택난을 해소하기 위해 1941년 조선영단주택을 설립하고, 영단주택을 갑·을·병·정·무 유형의 표준주택으로 공급했음. 갑·을은 단독형, 병·정·무는 연립형이었고, 긴 중복도로 이어지는 겹집 유형이었음.	한옥·양옥·일옥의 장점을 결합한 절충형 주택으로 거실 중심 주거 문화와 외부에 있던 수(水) 공간(화장실·부엌) 등의 내부화를 수용했고, 한쪽은 다다미방이며 2층으로 구성함.

일제강점기 이양과 절충 건축의 예시.

휴양처 안락의 홈은 어떤 곳에 세울까〉(《동아일보》 1930. 9. 27~10. 11. 7회 연재), 1941년 〈조선주택개량의 실제에 대해〉(《錄旗》 6권 3호) 등을 썼고, 한옥을 설계했다.

김종량은 유학을 마치고 귀국한 뒤 배재학당 등 기독교 계열의 양옥을 건설하는 일에 참여했다. 또한 1932년부터 건재상을 운영하며 설계업과 주택 사업을 했다. 김종량은 건국준비위원회 부위원장이었던 안재홍이 매부였다. 안재홍이 살던 돈암동에 거주했고, 이는 1936년 돈암지구 내에 그가 설계한 H자형 한옥이 많은 이유다.

김종량은 〈주택으로 본 조선 사람과 여름〉에서 조선집을 봉건 시대의 불합리한 주택이라 비판하며 개선을 주장했다. 그는 "도시 중에 건축된 양호한 주택이 공기 쾌청한 야외 소주택(小住宅)보담 보건상으로는 못"하다고 밝히며, "주택과 정원을 독립적으로 하되 정원은 관상적(觀賞的) 본의(本義)를 폐(廢)하고 실용적 위생적 본위(本位)로 할 것"과 "주택의 정지(整地) 면적은 공기 유통, 태양 광선의 입사(入射)를 충분히 할 만한 것"을 강조했다. 또한 "조선 가옥도 구조 양식 등은 그냥 두더라도 방 배치는 절대로 개선하여 채광·환기를 충분히 하여 일후(日後)에 유감(遺憾)이 없도록 하여야 할 것"[06]이라고 말했다. 특히 일조와 통풍을 수없이 강조하며 도시적 환경에서 방 배치까지 구체적으로 기술했다.

박길룡은 1921~23년 조선총독부 건축과 기수 자격으로 조선 민가를 조사해 쓴 글이 1924년 상관이었던 이와쓰키 요시유키(岩槻善之)에 의해 〈조선 민가의 가구에 대해〉라는 제목으로 발표되었다. 그 밖에도 1926년 〈우리 주가 개량에 대한 나의 고찰〉(《조선일보》 1926. 11. 9.~11. 10. 연재), 〈개량 소주택의 일안〉(《조양》 1928. 10. 132호), 〈잘살려면 집부터 고칩시다〉(《조선일보》 1929. 5. 16), 〈유행성의 소위 문화주택〉(《조선일보》 1930. 9. 19) 등 조선 주택 개선을 위한 글을 썼다. 1932년 건축사무소를 설립하고, 1931년 8월 창간한 《실생활》에 1932년 6월부터 1933년 3월까지 10차례에 걸

06 김종량, 〈주택으로 본 조선 사람과 여름〉, 《별건곤》, 1930. 7.

쳐 소주택 계획안을 발표했다.[07]

박길룡이 1933년 《실생활》에 발표한 개량주택안은 대청을 중간에 두고 양쪽에 방을 둔 "재래 조선식 가구의 경성 전형을 조금 변형한 것이다. 재래식에 비교하면 그 다른 점이 현관을 부친 점, 변소를 복도(廊下)로 연결한 점, 주방(廚房)이 전면(남면)에 있지 않고 후면에 있는 점[08]"이었다. 이는 박길룡이 밝힌 대로 경기형 민가인 ㄷ자형 한옥이지만, H자형 한옥과 비슷하다. 현관을 도입하고 부엌과 화장실을 내부화했으며, 앞뒤 긴 복도를 통해 전체 공간을 연결했다. 무엇보다 특이한 점은 현관 부분을 도로에 붙여 필지 내 열린 공간을 확보하고, 남북 방향으로 정원을 크게 만들었다는 것이다. 또한 박길룡은 집중식(중당형)을 제안하면서 "집중식의 가구는 실과 실을 통행하는 부분이 옥내 복도에 있고 통행 면적이 최소한도로 축소되었으므로 편하며 능률적이다. 따라서 대규모의 주가는 중정식이 가능하나, 소규모의 주가는 집중식이 이용 효과가 높다. 집중식은 실과 실의 통행을 복도로 연결하고 공지의 여유가 있으므로 건물의 채광과 통풍이 자유롭고 정원의 효과"[09]도 낼 수 있다고 강조했다. 특히 박길룡은 집중식 평면을 채택하고 건폐율 40%를 제안하면서, '주택 면적과 건축 면적 연구'의 그림과 같이 필지와 필지, 필지와 도로, 필지 건물의 배치

07 김명선, 〈박길룡의 초기 주택개량안의 유형과 특징〉, 《대한건축학회논문집 계획계》 27권 4호, 2011, 61~62쪽.

08 박길룡, 〈개량주택안〉, 《실생활》 제4권 제2호, 1933. 26쪽.

09 최순애, 〈박길룡의 생애와 작품에 관한 연구〉, 홍익대학교 석사학위논문, 1982. 113쪽에서 재인용.

가구(街衢)	필지	
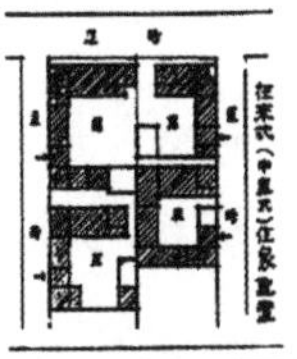	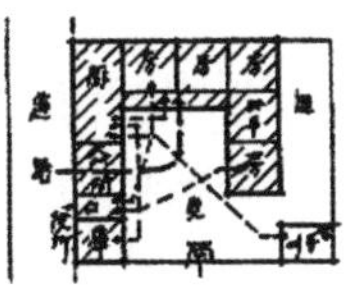	중정형
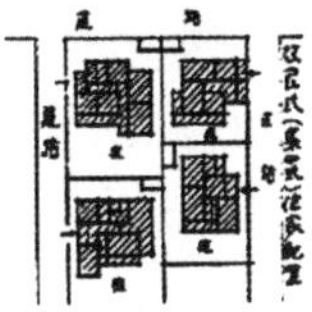	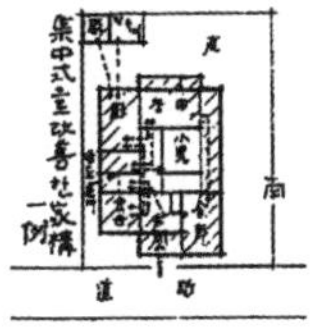	집중형 (중당형)

주택 면적과 건축 면적 연구(출처: 박길룡, 〈재래식 주가 개선에 대하여〉, 1933).

등에 대해 구체적으로 고민했다.

정세권은 〈건축계(建築界)로 본 경성〉(《경성편람》, 1925), 〈폭등하는 토지, 건물 시세, 천재일우(千載一遇)인 전쟁 호경기(好景氣) 래(來)!: 어떻게 하면 이판에 돈버을까〉(《삼천리》 제7권 제10호, 1935) 등 정세 분석을 통한 건축계의 상황을 판단하는 글을 기고했다. 또한 1931년 창간한 잡지 《실생활》을 통해 조선 가옥의 문제와 현황, 건양사의 광고와 함께 개량주택안 등을 다수 발표했다.

정세권은 "내가 처음에 이 건축계에 입문한 동기는, 우리 조선의 가옥 제도가 너무나 비위생적이고, 비경제적임을 발견한 때부터입니다. 이 점을 많이 고려해 좀 더 경제적으로, 위생적으로, 기본으로 삼아 매년 3백여 호를 신축해 왔습니다"[10]라고 자신을 소개했다. 그러면서 조선 가옥의 개선을 위해서는 "최근에 협착한 정원을 좀 더 넓게 하며, 일조가 바로 투입하고, 공기가 잘 통하는 한열건습의 관계 등을 잘 조절"[11]해야 한다고 강조했다. 정세권의 건양주택은 중당식 배치로 앞서 밝힌 필지 내에 넓은 열린 공간과 일조, 통풍을 확보하는 것이었다. 경성부 가회동 31-11번지 도면[12] 속 건양주택은 순조선식으로서 대지 47평(155m²), 건물 11평(36m²), 지하 7평(23m²)이다. 지상과 지하 전체 면적은 18평(60m²)이다. 건폐율이 약 23%로 매우 낮아서 열린 공간이 넓을 수밖에 없다. 지하층을 용적률에 포함하더라도 54%로 낮은 편이다. 건양주택에도 건폐율, 용적률 등 도시 밀도라는 도시 계획적 개념이 담겨 있었다.

도시한옥에 다시 빛과 바람을 불어넣다

중당식의 건축적 의미는 다음과 같다. 중당식은 일조와 통풍 등 주거 환경 개선을 위해 도입되었다. 박길룡이 중당식을 집중형으로 표현하는 것처럼, 중당식은 건물을 중앙에 배치해 주변으로 외부 공간을 확보하는 배치 형식(중당식)이자, 내부 공간을 겹집 형태로 집중(집중형)시키는 방법이었다. 중당식은 크게 H자형, 건강주택, 건양주택 등 세 가지 유형으로 나뉘는데, 그 특징은 다음과 같다.

10 정세권, 〈건축계(建築界)로 본 경성〉, 《경성편람》, 1925, 292쪽.

11 정세권, 같은 책, 292쪽.

12 정세권, 〈주택개량안〉, 《실생활》 제7권 제4호, 1936, 8쪽(건양주택 평면도), 9쪽(지하 평면도).

김종량과 박길룡의 H자형 한옥은 중정형에 가깝지만, 중정을 둘로 분할해 홑집과 겹집을 섞어 일조와 통풍 조건을 확보하고 내부 공간을 대청마루와 복도로 연결하는 방식이다. 김윤기의 건강주택은 ㄱ자형으로 전면부의 정원과 후면부의 정원을 만들어 H자형 한옥과 비슷한 방식으로 일조와 통풍을 해소하지만, 내부 공간이 거실을 중심으로 집중되는 구조다. 정세권과 박길룡의 건양주택은 건물을 필지의 모서리에 배치해 필지의 두 면에 외부 공간을 확보함으로써 일조와 통풍을 해소하는 구조다(119쪽 참조).

중당식의 도시적 의미는 다음과 같다. 중당식 배치는 도시 밀도가 높아지면서 발생한 주택문제이자 도시문제였다. 김종량은 "도시미(都市美)는 그 도시 거주자의 소유임으로 도시미는 대중적 미가 되어야 할 것이다. 그러나 조선 도시미는 과연 어떠한가. 그 도시 지배자의 미가 되고 만 것이다. 겨울철에는 주택이 부족해 춥고 배고프게 살아야 하는 비참, 여름철에는 전염병(惡疫)·빽빽한 주택(密住)·악취(臭氣)·소음(喧轟) 등의 중독으로 건강하지 못한 문제, 이것이 현대 조선 도시 문화의 정화(精華)일까. 조선 사람이 이런 부(不) 건강지대(健康地帶) 불완전한 주택에 거주하면서도 그것이 부(不) 건강(健康) 불완전한 것을 인식하지 못하는 것만큼 장래 조선 사람 건강 문제에 큰 암영(暗影)을 주는 것"[13]이라고 조선 도시와 주택 현황을 비관적으로 바라봤다. 그래서 중당식 한옥을 제안한 건축 전문가들은 대체로 건폐율 40% 이하를 주장했

13 김종량, 〈주택으로 본 조선사람과 여름〉, 《별건곤》, 1930. 7.

다. 하지만 1913년에 건폐율 80%가 1934년에 60%로 바뀌는 정도였다.

건폐율은 필지의 열린 공간 확보와 주택 과밀 방지, 일조와 통풍 확보, 화재 확산 방지, 도시경관 보존 등 도시 환경의 균질한 제공을 위해, 용적률은 1916년 뉴욕시에서 높은 건물들로 인한 일조와 공기의 차단을 방지하기 위해 시작되었다. 건폐율과 용적률 모두 도시 차원에서 일조와 통풍이라는 거주환경을 거주자가 함께 확보하고자 한 것이다. 따라서 건폐율과 용적률은 필지 주변의 도로 규모, 공원·노지·하천 등 공지의 도시적 조건에 따라 다를 수밖에 없다. 건물 내부 공간의 계획이나 한 필지의 배치 문제가 아니라, 도시적 차원에서 계획에 따라 결정된다. 중당식 도시한옥 담론은 도시적 차원에서 한옥의 특징을 유지하며, 일조와 통풍 등 주거 환경을 확보하기 위한 실험으로서 의미가 크다.

조선인 건축 전문가들의 제안을 종합적으로 분석하면 오른쪽 표와 같다. 남향을 선호하고 마당을 중요하게 생각했기 때문에 비교적 남북가로 블록이 유리했으며, 마당의 활용을 위해서는 H자형과 건강주택이 나은 실험이었다. 그런데 통풍 면에서는 주변 필지 방향으로 열린 공간을 둔 건강주택이 나은 실험이었다. 일조에서는 남북 방향으로 열린 공간을 둔 H자형이 도로 방향 외기에 면한 면과 남북 방향 옆 필지와 열린 공간이 확장되므로 나은 실험이었다. 조선 가옥 유형 유지에서는 H자형과 건강주택이 홑집과 겹집을 섞어 지붕의 규모와 꺾임부, 그리고 마당을 제안하고 있어 나은 실험이었다.

1929년 조선주택 설계도안 현상 당선안		건축가별 중당식 조선주택 실험	
등수	도면	도면	건축전문가
1등안 부지 30.8평 건평 14.8평	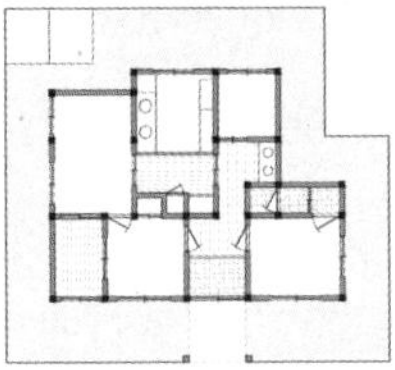	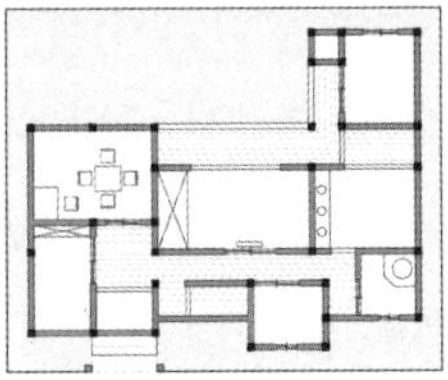	김윤기 건강주택 (1930)
2등안 부지 32.5평 건평 13.4평	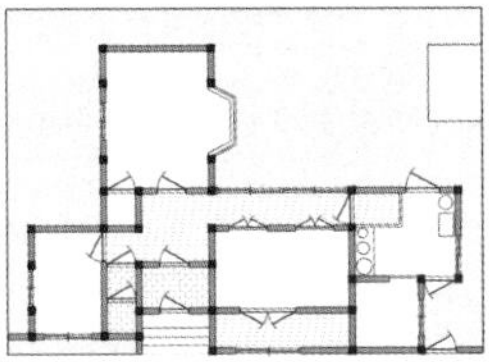	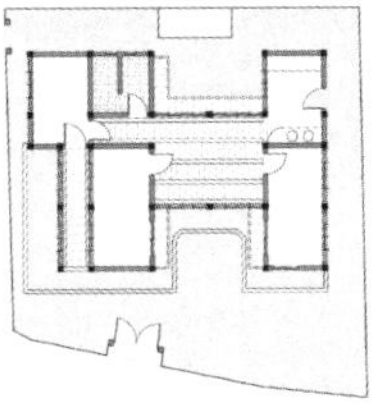	김종량 H자형 한옥 (1930년대)
3등안 부지 28.8평 건평 15.8평	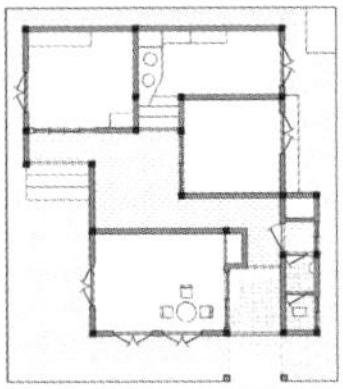	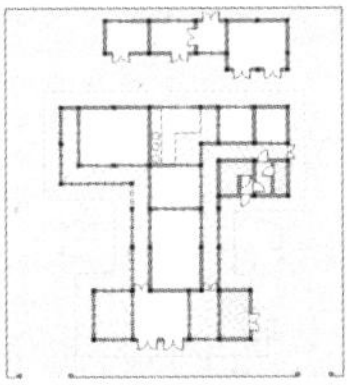	박길룡 1안 H자형 한옥 (1930년대)
선외 가작 1 부지 33.0평 건평 15.8평	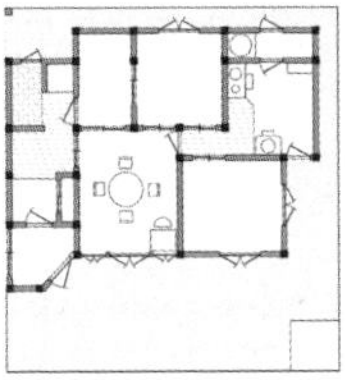	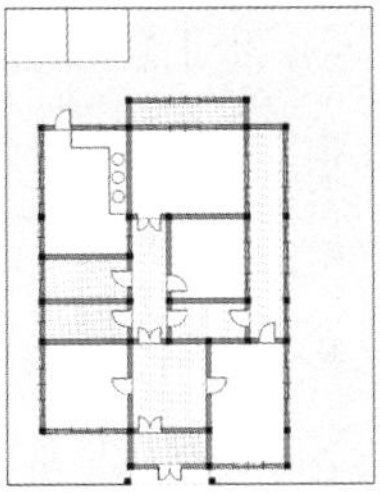	박길룡 2안 집중형 주택 (1930년대) '주택 면적과 건축 면적 연구' 내용을 바탕으로 도면화
선외 가작 2 부지 30.0평 건평 13.6평	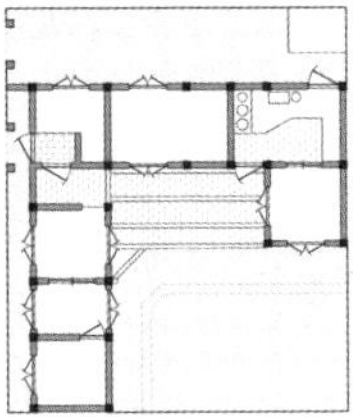	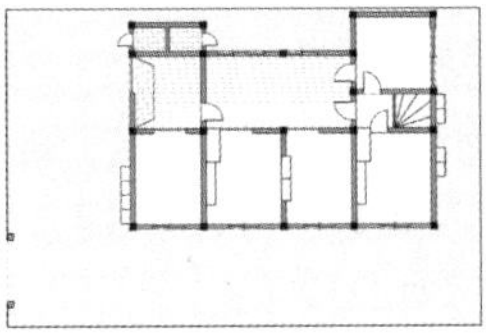	정세권 건양주택 (1936) 지하층이 있는 주택으로 1층 평면

조선 가옥의 중당식 실험은 건축 전문가들의 계획마다 약간의 차이는 있지만, 필지 안과 주변 필지의 건물과 건물 사이를 이격해 외부 공간을 만들어 일조와 통풍을 확보하고자 하는 공통의 흐름이 있었다. 따라서 중당식 실험은 특정한 전문가가 개발했다기보다, 당시 조선인들의 열악한 주거 환경과 경제적 상황, 그리고 도시계획이 없던 상황에서 건축 전문가들 사이에 형성된 일반적 담론이었다. 현재 서울에 남아 있는 한옥은 다수가 이 시기에 지어졌고, 1960~70년대 한옥 또한 이 시기 도시한옥의 구조를 지니고 있다.

고희동 가옥

현재 한국에 있는 대부분의 전통 가옥은 조선 후기 가사제한(家舍制限)[14]에 입각한 유형이다. 현존하는 전통 가옥은 임진왜란 이후의 양반 가옥이고, 신분제가 사라진 이후에 지어진 전통 가옥 또한 양반 가옥의 형식을 모방하는 양상을 보인다. 개화기에 근대 교육을 받은 지식인들은 이런 조선의 주거 문화 때문에 전통 가옥이 퇴화한다고 지적했다. 그런데도 한국의 전통 가옥은 조선시대 양반 가옥 유형으로 고착되었다. 일제강점기인 1920~30년대 지식인들의 주거 문화 계몽운동과 주거 실험이 적절하지 않았거나 영향을 끼치지 못했다는 방증이다. 1920~30년대뿐 아니라,

14 가사제한은 조선 개국 초부터 시행된 신분제에 따른 건축 규제 제도다. 집터의 크기, 건물의 양식과 규모, 세부적인 장식까지 신분에 따라 허용 범위를 세부적으로 규제한다.

1960년대에 대규모로 개발된 도시한옥 주거지에서 양반 가옥의 형식적 모방은 더 강화되었다. 2000년대 전통 가옥(한옥) 보존 정책에서도 양반 가옥의 형식을 기준으로 판단하는 경향을 보인다.

전통 가옥 연구는 양식사나 주요 인물들의 가옥에 집중되어 있는 것이 현실이다. 그러다 보니 대부분의 전통 가옥은 여전히 발전하지 못하고 조선시대 양반 가옥의 형식에 머무는 예가 많다. 하지만 주거는 수많은 조건에서 결정되므로 타임래그(timelag)가 필연적이다. 특히 익숙하지 않은 새로운 주거 문화를 수용한다는 측면에서 더욱 그렇다. 따라서 주거 문화는 한 사례로부터 귀납적으로 추론하는 연구가 필요하다.

고희동(1886~1965)은 조선시대 중인 집안에서 태어났다. 신분제에서 비교적 자유로웠을 것으로 보인다. 고희동의 아버지 고영철은 1881년에 영선사로 청나라, 1883년에 보빙사로 미국을 다녀온 인물이었다. 고희동 또한 프랑스어를 배우고 일본에서(1908) 서양화를 배울 정도로 외국 신문화에 수용성이 높았다.

북촌은 실학자, 개화파, 근대 교육 시설, 지식인 등이 모여 있던 곳이다. 고희동은 북촌 원서동에 살면서 북촌의 인물들과 교류를 많이 했다. 고희동 가옥은 그런 고희동이 1918년에 직접 설계해 지었다. 고희동이 1959년까지 41년 동안 거주하며 1940년대 초와 1950년대 초에 증개축해 완성한 전통 가옥이다. 고희동 가옥은 근대 주거 문화에 적극적으로 적응해 온 주거 실험의 좋은 사례다. 그 적응 과정을 자세히 살펴보자.

먼저, 조선 가옥의 도시화 적응 과정으로 보면 다음과 같다. 고

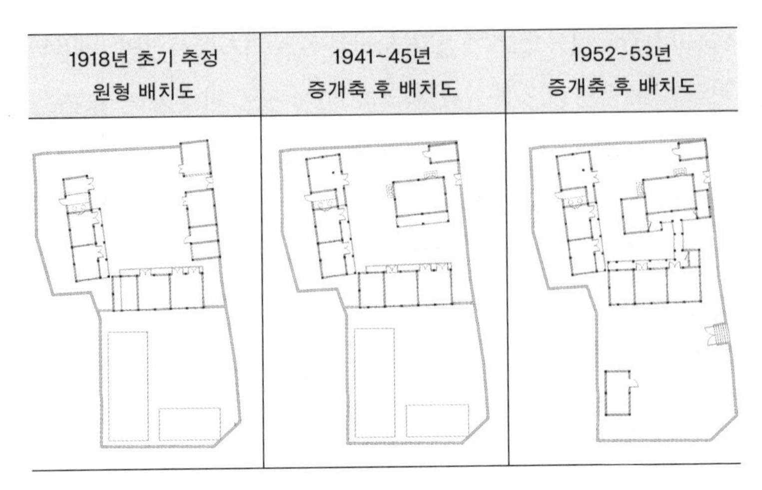

고희동 가옥의 변화 추정 배치도(출처: 한철욱, 〈서양화가 춘곡 고희동 가옥의 원형 추정 및 변형 과정에 관한 연구〉, 한양대학교 석사학위논문, 119쪽, 배치도 재작성).

희동 가옥은 조선시대 경기도 지역의 양반 가옥을 차용한 일반적인 도시한옥에 비해 초기에는 중앙에 마당을 배치한 전통 가옥의 특성을 띠고 있었다. 다만, 도시한옥과 마찬가지로 필지 외곽에 맞춰 건물을 배치하지 않았고, 공간구성도 웃방꺾임집이 아니었다. 1940년 초에 증축한 화실 또한 필지 중앙에 배치했다. 그러다 1950년 초 증축에서는 건물 전체를 달팽이(㔩) 모양으로 연결했다. 전통 가옥에서 찾아볼 수 없는 배치다.

고희동 가옥은 한식 목구조에 기와지붕이 있는, 형식적으로는 전통 가옥이다. 하지만 공간구성 등 주거 문화 측면에서는 1900년대 초 지식인들이 제안한 양옥이나 선양절충 주택에 가깝다. 구체적으로, 고희동 가옥은 팔작지붕이 주를 이루는 지붕의 형식과 여러 개의 마당으로 보면 조선시대 양반 가옥에 가깝다.

구분	고희동 가옥 다이어그램	주요 부분

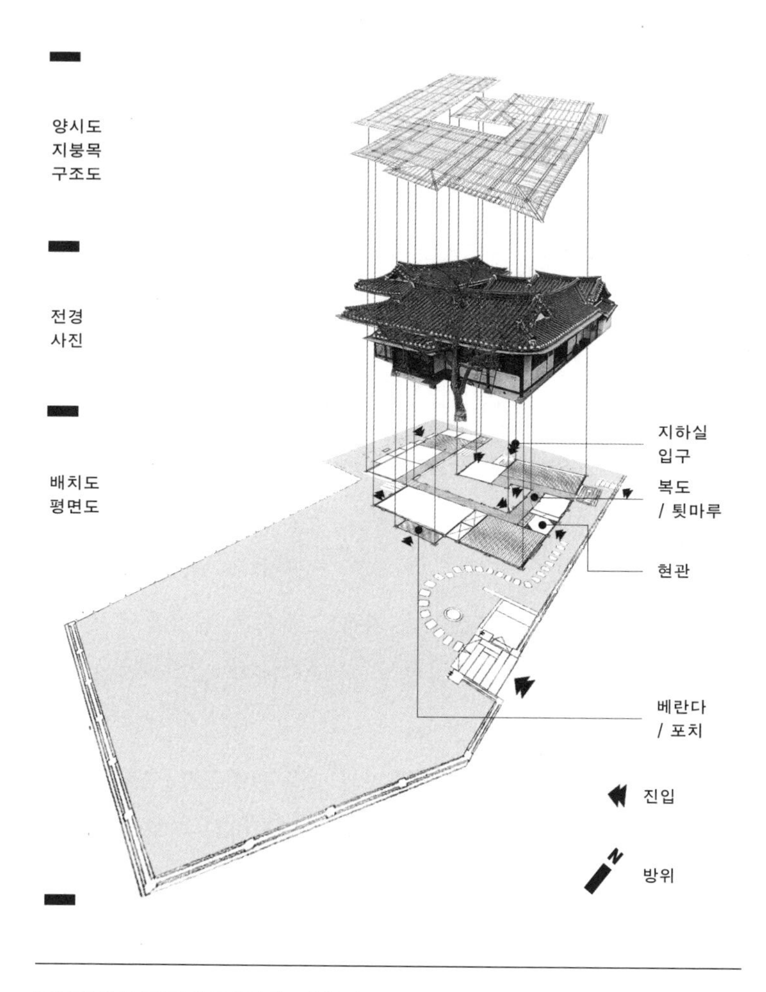

고희동 가옥 공간구성 다이어그램(출처: 종로구청, 〈서울 원서동 고희동 가옥 기록화 조사 보고서〉, 2020년 배치도, 전경 사진, 앙시도를 기초로 재작성).

그러나 필지 규모와 건물 규모에서는 도시한옥에 가깝다. 박길룡과 김윤기가 제안한 주택 또한 지붕을 기와로 덮은 것을 고려하면, 식민지 시기 조선인의 정체성 문제와 결부되었을 것으로 보인다.

전통 가옥과 이양 건축은 건축구조의 차이가 커서 절충이 쉽지 않다. 지붕이 가볍고 벽식구조에 가까운 양옥이나 일옥과 달리, 전통 가옥은 비교적 넓은 칸으로 구성되고 지붕의 하중이 크다. 그래서 목부재의 크기가 크다. 하지만 고희동 가옥은 큰 목재의 사용을 최소화하고, 구법상으로 목재의 결구부를 간단하게 만들었다. 또한 전통 가옥의 청판 대신 장마루를 사용하고, 기둥의 개소 수를 늘리고, 보와 툇보의 높이를 맞추고, 추녀(회첨추녀)의 크기를 최소화해 경제성을 확보했다. 경제성 확보는 고희동 가옥의 가장 큰 특징이다. 이렇게 조선시대 가옥의 특징을 자유롭게 변용해 사용한 것으로 볼 때, 고희동은 조선시대 가옥에 대한 이해도가 높았던 것 같다. 조선시대 가옥의 격식과 형식에서 벗어난 복잡한 기와지붕의 형상이나 많은 기둥의 배치 등은 이러한 고희동의 건축미학이 반영된 것으로 보인다.

다음으로, 조선집의 이양 건축과의 절충 과정으로 고희동 가옥을 보면 다음과 같다. 조선시대 가옥은 김유방의 주장처럼 신분제에 따른 가옥 규제와 양반 중심의 주거 문화 탓에 "선조의 유물을 무의미하게 본받아 그 시대에 맞는 하나의 개량도 없이 단순한 집주인의 상식과 몰각한 목공의 경험으로 판에 박은 듯이 주관 없는 주택"[15]으로 고정되었다. 그 뒤 지어진 대부분의 한옥 또

부재명	소로수장 구법	장여수장 구법	민도리 구법	딱지-소로수장 구법
(도리) (보) 장여 소로 딱지소로 소로방막이 인방 (기둥)	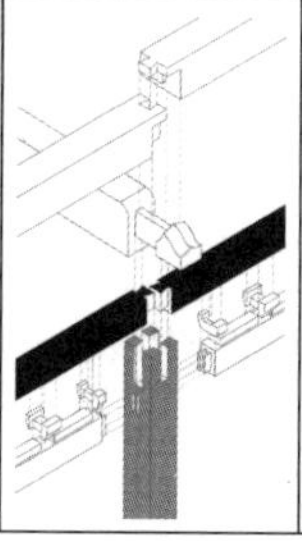	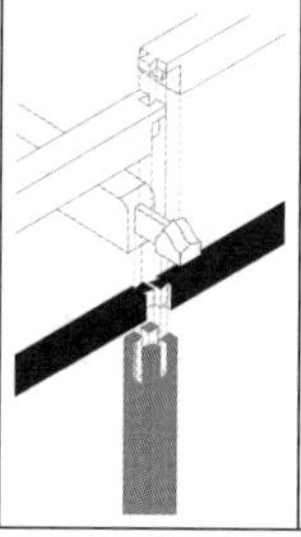	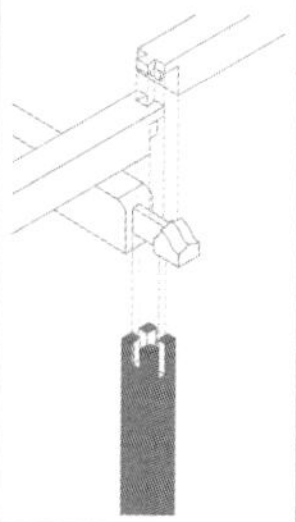	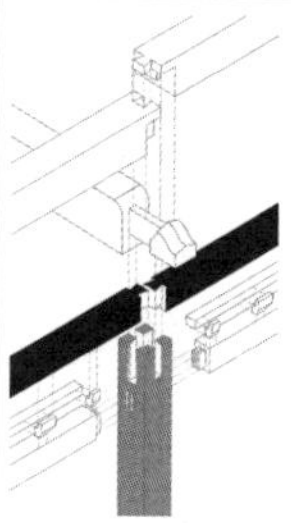

기둥 상부 목구조 결구부 구법 비교.

한 이런 조선시대 가옥의 특성을 따랐다. 하지만 고희동 가옥은 양옥과 일옥의 주거 문화를 필요에 따라 적극적으로 수용하는 특징을 보인다.[15]

첫째, 도시한옥은 도시화 과정에서 작은 필지에 지어지면서 주거 환경이 더 열악해졌다. 1930년대 대규모 개발로 조성된 도시한옥은 정형의 마당을 중심으로 필지 외곽에 건물을 배치해서, 일조와 통풍에 열악한 구조가 되었다. 김유방의 구미주택, 김윤기의 건강주택, 정세권의 건양주택은 건물을 중앙에 배치하고 베란다·테라스·포치 등으로 내·외부 공간을 연결함으로써 일조와 통풍을 원활하게 할 수 있는 방법이었다. 이들이 제안한 중앙 배치는 모든 실이 외기와 2면 이상 면하는 홑집인 조선 가옥과는 달리, 대부분의 실이 외기와 한 면에 면하는 겹집이었다. 그러나

15 김유방, 〈문화생활과 주택〉, 《개벽》 32호, 1923, 55쪽.

고희동 가옥은 홑집을 유지하면서 건물을 중앙에 배치했다. 이는 홀과 같은 역할을 했던 기존의 마당을 구미와 일본처럼 정원으로 용도 변경한 것이다. 단순한 외국 문물의 수용이 아니라, 사회문화적 변화와 생활의 필요에 따른 적응이었다.

둘째, 조선시대 가옥의 툇마루는 공간을 연결하는 역할을 했다. 툇마루는 반(半)외부 공간이었지만, 건넛방이나 부엌을 연결했다. 그런데 도시한옥에서 툇마루가 없어지며 공간의 연결 동선이 나빠졌다. 이런 동선의 문제는 가사 노동을 더욱 힘들게 만들었다. 가사 노동하는 사람들은 부엌과 광(식자재 창고), 물을 사용하는 수(水) 공간, 작업 공간인 마당, 식당 역할을 한 안방 등 집의 내·외부를 오가야 했기 때문이다. 고희동 가옥은 안마당 방향으로 툇칸을 둬 전체 공간을 연결하고 있다. 툇칸이 툇마루 기능을 하는 셈이다. 건물(공간)과 건물(공간)을 잇는 긴 일본식 복도나 툇마루인 엔가와(縁側)와 비슷하지만, 일본식 복도처럼 정원을 바라보려는 목적과는 거리가 멀다.

종합하면, 고희동 가옥은 조선시대 유교 사상과 신분제로 고착된 주거 공간의 위계 문제를 실의 배치와 동선의 연결로 해소했고, 도시화 과정에서 만들어진 도시한옥의 일조와 통풍 문제를 필지의 중앙에 건물을 배치하는 방식으로 해결했다. 현관, 베란다(포치), 긴 복도 등 이양 건축의 요소와 화실, 거실, 내부 수 공간 등 외국의 주거 문화를 적극적으로 받아들였다. 또한 기둥 상부의 목구조 결구부를 가장 간단한 '민도리' 구조로 하는 등 전통 가옥의 특성을 지키면서도 경제성을 확보했다.

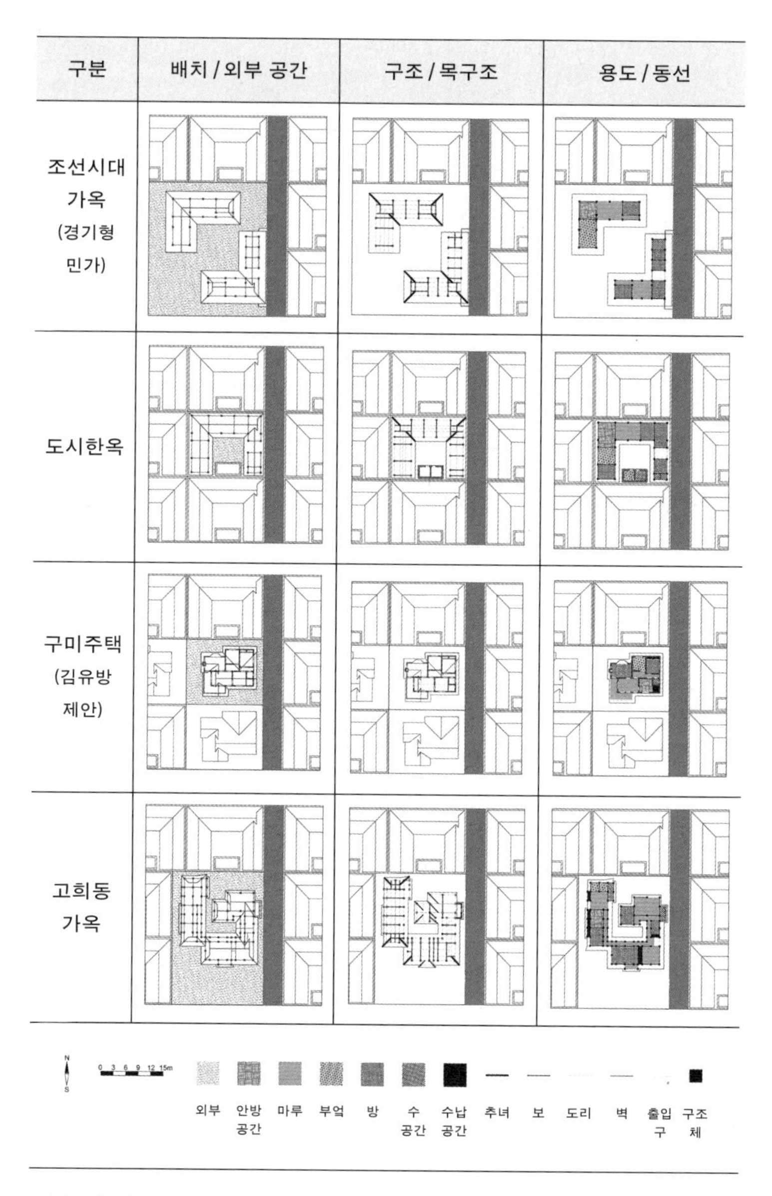

조선시대 가옥(경기형 민가), 도시한옥, 구미주택, 고희동 가옥 비교 분석.

구분	배치			공간 위계			공간 구조		동선				일조 통풍			지붕 형태			지불 가능성		
	중정	중당	복합	채분리	응접실	수공간	홑집	겹집	마당	거실	중복도	툇마루	정원	베란다	현관·포치	복잡	중	단순	상	중	하
조선 양반 가옥 경기형 민가	●						●		●			●	●				●				●
도시한옥 (1920~60)	●			●			●		●								●			●	
가회동 한씨가옥 (1900년대 초)		●	●		●	●	●				●	●	●	●	●	●					●
구미주택 화가 김유방 (1923)		●			●	●		●			●		●	●	●	●			●		
건강주택 공학사 김윤기 (1930)		●			●	●		●				●	●	●	●	●				●	
건양주택 개발업자 정세권(1936)		●	●		●	●		●		●			●	●	●		●			●	
일본식 주택 영단주택(갑형) (1941~45)		●				●		●			●	●	●	●	●			●	●		
고희동 가옥 (1918~59)		●	●		●	●	●					●	●	●	●	●				●	

고희동 가옥과 주거 유형별 근대 주거 문화 수용 양상 비교 분석. 전통 가옥의 특징과 이양 건축의 특징을 중심으로 대분류·소분류 항목을 구분해 각 사례별로 수용 여부를 표시했다.

고희동 가옥은 목구조와 기와지붕을 빼면, 한국의 전통 가옥으로 보기 힘들 정도로 독특하다. 하지만 1920~30년대 주거 담론에서 제안하는 신식 주거 문화를 잘 반영했다. 고희동 가옥의 이러한 주거 문화 적응 과정에는 짧게는 고희동이 거주한 41년, 길게는 조선 말부터 일제강점기를 거쳐 현재까지 200여 년의 시간이 담겨 있다. 개항(개화), 일제강점기, 도시화 등 전통 가옥이 크게 변화하는 시기에 고희동 가옥의 증개축이 이루어져 더욱 남다르다. 조선시대 가옥이 유교와 신분제의 영향으로 고착 상태였다는 점을 고려하면, 고희동 가옥은 격변하는 시대에 맞춘 전통 가옥의 첫 적응태라 할 수 있다.

절충과 전통의 관계

조선 후기는 신분제에 따라 양반과 하인의 공간을 구분하고 남녀 공간을 가옥 규제와 관습으로 철저하게 제한했다. 그 결과 전통 가옥은 진화하지 못하고 고착되었다. 하지만 개항과 개화 이후 이양 건축이 유입되고 도시화가 급격하게 진행되면서 1920~30년대에 한옥에 대한 대규모 개발이 이루어졌다. 한국의 근대화는 '근대화의 충격'이라고 표현해야 할 만큼 압축적이었다. 수백 년 이어진 주거문화에 대한 변화 요구가 1900년대 초에 집중되었다. 도시화는 넓은 대지 위의 집에서 좁은 대지에 밀집한 집으로의 변화를 요구했다. 또한 현관, 복도, 응접실, 포치, 발코니, 싱크대 등 새로운 공간 문화와 신기술을 요구했다. 절충 시기는 새로운 개념, 기술, 문화 등으로 한옥을 필요에 맞게 변화시키는 실험 과정이었다.

절충 시기의 도시한옥은 조선시대 유교 사상과 신분제로 고착된 주거 공간의 문제를 실의 배치와 동선의 연결로 해소했다. 하지만 도시한옥은 식민지 조선인의 정체성과 신분 상승의 욕망을 표출하기 위해 여전히 조선시대 양반 가옥의 양식을 따랐다. 또한 대량생산 상품으로 지어진 도시한옥은 일조와 통풍에 심각한 문제가 있었다. 전문가들은 건물을 필지의 중앙에 배치하는 중당식, 겹집 형태로 평면을 집중한 집중형으로 이 문제를 해결하려 했다. 특히 고희동 가옥은 조선시대 양반 가옥이 아니라, 기능과 경제적 측면에서 조선 가옥의 특징을 유지하면서 이양 건축의 특성을 적극적으로 수용했다. 목구조와 기와지붕을 제외하면 한국의 전통 가옥으로 보기 힘들 정도로 독특하다.

그 어떤 문화도 일순간에 이루어지지 않는다. 아무리 좋은 것이라도 집단(공동체)이 공감대를 형성하는 데는 오랜 시간이 필요하다. 이렇게 이어지며 만들어지는 것을 뜻하는 우리말 가운데 하나가 '전통'이다. 전통은 사전적으로 "어떤 집단이나 공동체에서 지난 시대에 이미 이루어져 계통을 이루며 전하여 내려오는 사상, 관습, 행동 양식 등"을 말한다. 공동체(집단)가 일정한 체계로 이룬 것을 이어 가는 것이다. 도시한옥은 적어도 1980년대까지 보편적 주거 양식이었으니, 일정한 체계를 이룬 전통이라고 할 수 있다. 하지만 1960년대 이후로 도시한옥은 지어지지 않았고, 오히려 낡은 불량주택으로 낙인찍혀 개발의 대상이 되었다. 서구의 근대는 옛것을 부정하며 시작되었고, 근대의 신구(新舊)논

시기	외부 요인 (사례)	개선 요소	개선 목표	개선 가치	적응 양상
조선 후기 (18세기 말~)	청나라	지붕, 온돌, 벽돌	규격화	실학 이용후생	(신분제) 가사제한
대한제국 (19세기 말~)	일본, 미국 등	일조, 통풍	위생, 기능	개화 도시적 개량	이양 건축의 수용
일제강점기 (20세기 초~)	미국, 일본 등	동선, 경제성	주거 문화	근대 생활적 계몽	절충 건축의 적용

조선 후기부터 진행된 주거 문화 개선 양상.

쟁은 새로움을 주장한 근대파와 옛것을 주장한 고대파의 논쟁이었다. 하지만 삶이란 어떤 식으로든 과거-현재-미래로 이어진다는 것을 부정할 수 없다. 법고창신에는 창신에 방점이 있고, 미메시스(모방)는 옛것(법고)을 전범으로 삼는다. 개인이 모여 공통감각을 만들어 보편을 이루는 과정이 시간인 것처럼, 전통도 단절되지 않은 물건(장소)에 쓰인 시간이어야 한다. 단절되고 멈춰 선 것은 폐기의 대상이지 전통일 수 없다.

전통의 시대

4

정치적 언어로서의 한옥

'전통' 앞에 수식어로 '한국'이 따라붙곤 한다. 또는 뒤에 '문화'라는 수식어가 따라붙는다. 한국에서 전통은 국가가 만들어 낸 개념이기 때문이다. 전통은 일제강점기에는 피지배계층의 정체성 확보를 위해 사용되었고, 해방 후에는 군사독재정권의 정통성 확보를 위한 수단으로 활용되었다. '한옥'이라는 말은 만들어질 때부터 국가가 만들어 낸 이 전통을 기반으로 했다. 전통과 한옥은 군사독재정권이 시작된 1962년부터 일반화되었다. 국가(정부)가 '전통으로서의 한옥'을 관리하던 시기로 '전통의 시대'로 부를 수 있다.

한국에서 '전통' 개념이 일반화된 시기는 1960년대라고 할 수 있다. 세계적으로는 미국과 소련 중심으로 냉전체제가 구축되던 때다. 일제강점기에 국수(國粹), 민족, 전통이 식민지 조선인의 규합과 정체성 극복, 욕망 표현 정도로 쓰였다면, 1960년대에는 군사독재정권의 정통성 확립을 위한 "새로운 국민국가의 형성, 곧 국민화 프로젝트"[01]의 수단으로 쓰였다. 그 대표적인 사례가 1968년 12월 5일에 박정희 대통령이 반포해 모든 학생에게 암기시킨 〈국민교육헌장〉이다. 〈국민교육헌장〉은 모든 국민에게 "우리는 민족중흥의 역사적 사명을 띠고 이 땅에 태어났다"라고 맹목적으로 민족의 사명을 부여하면서 시작해, 민족의 슬기를 모아 통일 조국을 건설하고 새역사를 창조할 것을

01 조인수 외, 《전통, 근대가 만들어 낸 또 하나의 권력》, 인물과사상사, 2010, 159~60쪽.

다짐시키며 끝맺는다.

1968년에 박정희 정권의 '전통'과 '한옥'에 대한 인식을 잘 보여주는 사건이 있었다. 바로 광화문 복원이다. 경복궁은 1592년(선조 25년) 임진왜란으로 소실되었고, 대원군이 왕권 강화를 위해 1888년(고종 25년)에 복구했다. 일제강점기에 일제는 복원된 경복궁을 허물고 만국박람회를 열었고, 이후 조선총독부를 건설했다. 광화문은 경복궁 동쪽으로 옮겨졌다. 이런 광화문 복원에 박정희 정권은 "'이게 조국 근대화와 무슨 상관이 있을까' 하고 흘겨보기도 했다. 광화문의 이름은 '덕이 온 누리에 비친다'는 뜻에서 나온 것. 이 문의 준공(12일)과 더불어 선정(善政)의 기틀이 더욱 공고히 되어지기를"[02]이라며 정치적 의미를 부여했다. 이 기사의 내용으로 볼 때 정부는 "조국 근대화"의 하나로 복원 사업을 펼친 것으로 보인다. 특히 광화문 복원을 "선정(백성을 바르게 다스리는 정치)"으로 연결하는데, 이는 조선의 왕권과 민주주의 국가의 대통령을 동일하게 인식할 정도로 전통을 국가 이데올로기로 사용하고 있음을 알 수 있다.

또한 다른 기사에서는 "일제 때 겨레의 비운과 더불어 한쪽에 버려졌던 우리나라의 대표적 건축예술품인 광화문이 11일 상오 10시 박 대통령 내외분을 비롯, 5백여 명의 귀빈들이 지켜보는 가운데 복원되었다. 창건 이후 573년, 재건 이후 101년, 이건 이후 41년 만에 이날 현 중앙청 정문 앞에 웅장한 원모습으로 복원된

02 〈되살아난 광화문…41년 만에 그 자리에〉, 《경향신문》, 1968. 12. 2.

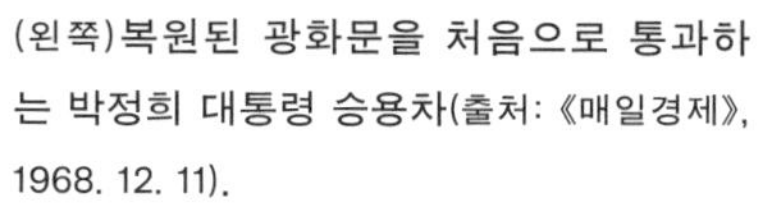
(왼쪽)복원된 광화문을 처음으로 통과하는 박정희 대통령 승용차(출처: 《매일경제》, 1968. 12. 11).

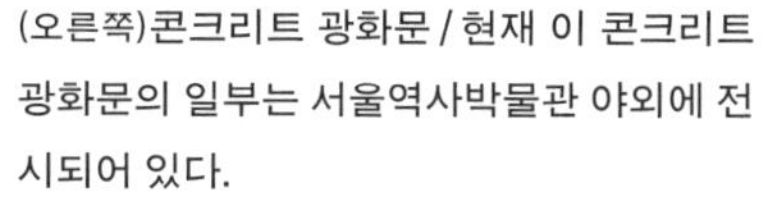
(오른쪽)콘크리트 광화문 / 현재 이 콘크리트 광화문의 일부는 서울역사박물관 야외에 전시되어 있다.

이 광화문은 민족중흥과 조상의 슬기를 되살려 자주 국가로서의 자세를 확립하는 표상으로서 의의를 갖고 있다"[03]라고 광화문 복원을 "민족"과 "전통"으로 표현하고, 이를 국가와 대통령의 치적으로 연결했다. 박정희 대통령은 광화문 현판을 친필로 썼고, 관용차를 타고 광화문을 처음으로 통과해 나오는 사진을 신문에 실었다. 그리고 복원된 광화문에 "민족중흥", "조상의 슬기", "자주국가"라는 의미를 부여했다. 일제강점기 때 한쪽에 버려졌던 광화문 복원이라고 강조했지만, 정작 복원이 아니라 철근콘크리트로 형태만을 모사한 것이었다. 그런데도 한국 건축의 일대 혁신이라고 자평[04]했다. 박정희 대통령은 이런 퍼포먼스를 통해 선정을 베푸는 왕으로 자신을 추대했다. 그 어디에도 시민의 의견이나 민주적 절차에 따른 결정은 보이지 않는다. 왕권 강화를 위해 광화문을 복원한 흥선대원군과 크게 다르지 않다.

복원된 광화문과 같은 콘크리트 한옥은 북한과의 체제 경쟁과도 무관하지 않았을 것으로 보인다. 북한의 민족 전통주의 건축

03 〈광화문 복원 개통〉, 《매일경제》, 1968. 12. 11.

04 "이날 복원된 광화문은 지난 3월 15일 착공, 총공사비 1억4천8백만 원을 들여 공영토건에 의해 시공되었는데 특색은 나무라고는 길이 5.8m, 높이 2.3m의 박 대통령의 친필인 「광화문」이라는 한글 현판뿐이며 재래의 목조로 되어 있던 구조를 혁신하여 철근 「콘크리트」로 바꾸었다는 데 특색이 있으며 이날 박 대통령 내외분은 문묘를 돌아보면서 「한국 건축의 일대 혁신」이라고 찬사를 보냈다. 이날 10시부터의 광화문 복원 준공식은 국립국악원의 주악으로 시작, 김상지 문화재위원장의 경과보고에 이어 박 대통령 내외와 박 부총리, 샹바르 불란서 대사에 의해 현판을 제막함으로써 문을 열게 되었다." 〈광화문 복원 개통〉, 《매일경제》, 1968. 12. 11.

평양대극장(1960)(출처: 남북역사문화교류협회(http://ahcoc.net).

평양 옥류관(1960)(출처: 게티이미지코리아).

은 1954년 김일성의 "새로운 건축을 창조하는 데는 선조들의 건축예술을 정당하게 평가하여 민족적 특성을 현대적 미감에 맞게 재현해야 한다"[05]라는 언급 이후 시작되었다고 알려져 있다. 북한의 민족 전통주의 건축물로는 평양대극장(1960), 옥류관(1960), 인민문화궁전(1964), 국제친선전람회(1978), 인민대학습당(1982), 평양 개선문(1982), 조국해방전쟁기념탑 대문(1993) 등이 있다. 북한은 한국보다 이른 시기에 콘크리트로 한옥 형상의 상징적인 대규모 공간을 조성했으며, 고전 건축에서 발전기를 상징하는 건축양식으로서 한옥을 조성하려 했던 것으로 보인다.

콘크리트 광화문이 준공된 해인 1968년 초에 멜버른대학교 인도학교 교수 시브나라얀 레이(Sibnarayan Ray)의 '전통과 발전의 융화'라는 강연이 있었다. 이 강연은 산업화, 근대화 등 당시 아시아가 갖추어야 하는 조건을 기초로, 적절한 선진 과학의 수용을 위한 전통에 대한 인식과 효용을 다루었다. 특히 레이 교수는 "아

05 안창모, 〈남과 북의 건축문화와 민족정체성〉, 북한과학기술네트워크, 2009, 131쪽.

시아의 지성적 엘리트들은 마땅히 근대화를 위해 가치 있는 요소들을 인간 발전을 지연시키는 요소들로부터 식별해 내기 위해 자기 나라의 전통들을 비판적이고 체계적으로 검토할 것이 시급히 요청된다"[06]라고 말하며, 전통의 가치 있는 요소 강화와 체계적인 비판을 강조했다. 특히 "다양한 여러 민족의 이질적인 면을 알아야" 한다며 "유교의 이성과 도덕 형식주의에서 벗어나야" 한다고 강조했다. 그리고 이런 문제들을 체계적으로 비판하고 공공여론을 키우는 데 전념해야 하며, 외국의 문화를 받아들이되 전통의 가치 있는 요소와 통합해 근대화 과정의 변형을 창조해야 한다고 주장했다. 레이 교수의 주장에 근거하면, 콘크리트 광화문의 복원은 전통에 대한 민주적이지 않은 정권의 이데올로기적 활용이라고 할 수 있었다.

민족과 전통을 담은 건축의 전통

1966년은 콘크리트 한옥의 기준을 만든 역사적인 해이며, 콘크리트 한옥이 탄생한 해라고 할 수 있다. 박정희 정권은 민족 영웅 이순신 장군을 모신 현충사의 성역화 사업, 조선의 정궁이었던 경복궁의 광화문, 경복궁 경내 선원전 터에 지어진 국립종합박물관(현 국립민속박물관)까지 상징적 건축물의 모방을 통해 민족과 전통을 강조함으로써 국민국가의 정통성을 가시적으로 보여 주고자 했다. 건축계의 많은 비난에도 건축가들은 콘크리트 한옥을

06 〈전통과 발전의 융화〉, 《동아일보》, 1968. 1. 5.

설계하고 지었다. 건축 설계가 대부분 정부의 발주와 인허가로 이루어졌기 때문에, 군사독재정권 아래서 건축가는 정부에 복속된 기술자에 가까웠다. 그러면서 모순적인 일이 반복되었다.

1966년 건축가 정봉진(국보건설단)은 국립종합박물관을 설계했다. 정부의 요구에 따라 "보은 법주사 팔상전, 김제 금산사 미륵전, 구례 화엄사 각황전, 밀양 영남루, 삼척 죽서루, 남원 광한루, 정읍 피향정, 여수 진남관, 부여 무량사 극락전, 창경궁 명정전 회랑 등"의 "전통 건축양식과 수법을 차용"했다. 이 말은 각 건물의 시대적 특성, 지역적 특성, 장소적 특성, 용도적 특성 등을 고려했다는 뜻이지만, 한편으로는 의미와 가치가 배제된 형식적 모사라는 뜻이기도 하다. 이 현상설계의 심사위원은 건설부 장관 김윤기, 홍익대학교 교수 정인국, 한양대학교 교수 홍붕의, 문화재관리국장 하갑청이었다. 육군 준장 출신인 하갑청을 제외하면 모두 건축계 인사들이다. 따라서 이 전통 논쟁에서 건축계도 자유롭지는 못하다. 빨강, 초록, 파랑은 각각의 독특함과 아름다움이 있지만, 이것들을 섞으면 각각의 독특함과 아름다움이 사라진 검정이 될 뿐이다. 개인과 집단의 선택으로 전승된 전통이 아니라, 정권의 결정이 전통으로 강요된 것이다.

박정희 정권이 "한국 건축의 일대 혁신"으로 치켜세운 콘크리트 한옥은 이후 정권들에도 이어졌다. 독립기념관 겨레의집은 1986년에 건축가 김기웅(삼정종합건축사무소)이 설계했다. 겨레의집은 준공을 11일 앞둔 1986년 8월 4일 화재가 발생해 지붕이 소실되었고, 1년 뒤로 준공이 연기되었다.[07] 겨레의집은 "고려시대 건축물인 수덕사 대웅전을 본떠 설계"한 것으로, "길이 126m, 폭 68m로서 축구장만 한 크기로 높이는 15층 높이(45m)"이다.[08] 조선시대부터 지적되어 온 한옥 지붕의 구조적 문제는 결구 없이 흙 위에 기와를 얹는 구법과 기와 자체의 큰 하중이다. 따라서 겨레의집과 같은 대형 지붕에 기와를 얹는 것은 기능적으로나 구조적으로 매우 불합리한 방식이다. 그래서 형식적으로나마 기와를 얹기 위해 비교적 가벼운 소재인 F.R.P, 송판, 루핑, 동기와를 사용해 지붕 구조를 만들었는데, 이것들은 가연성 소재라서 화재에 취약할 수밖에 없다. 독립기념관은 박정희가 행정수도 이전지로 검토한 천원지구(현 천안시)에 자리했고, 1986년 아시안게임과 1988년 서울올림픽의 외국인 방문객을 위한 문화 시설로 기획되었다. 겨레의집은 "동양 최대 기와집"으로, 그 앞에는 전두환의 건립비가 세워질 정도로 군사정권의 문화적 이데올로기로 활용되었다.

1991년 청와대 본관은 건축가 이형재가 설계했다. 건축가 이형재(정림건축)는 청와대 본관 설계에 대해 "한국의 국격과 상징성을 어떻게 표현할지 정림건축 설계팀과 고민하던 중 청와대로부터 '한옥으로 하라'는 지침이 내려와 프로젝트에 착수했다. (…) 조선의 5대 궁궐과 고사찰·서원 등에 쓰인 한옥의 상징을 추리고

07 최종덕(전 국립문화재연구소 소장), 〈한옥 모양 콘크리트 건물〉, 《세계일보》, 2023. 2. 20.과 〈국보 등 고유의 선미 본 떠〉, 《동아일보》, 1966. 5. 7. 인용 및 정리.

08 독립기념관 홈페이지(www.i815.or.kr).

국립종합박물관(1966~72) / 강봉진.

국립종합박물관 계획안.

독립기념관 겨레의집(1987) / 김기웅.

겨레의집 화재(1986).

청와대 본관(1991) / 정림(이형재).

경무대, 조선총독관저.

나니 두려움보다 자신감이 생겼다"[09]라고 회고했다. 청와대는 고려시대 남경의 이궁(離宮) 자리였다. 1939년 조선 총독의 관저로 지어지면서 경무대로 불리기 시작했고, 해방 후 미군 사령관 관저로 사용되다가 대한민국 정부 수립과 함께 대통령 관저로 사용되었다. 1960년 윤보선 대통령은 경무대를 '청와대'로 개칭했다. 청와대는 고려와 조선, 특히 임진왜란 이전 경복궁에 사용되었다고 전해지는 청기와에서 연원한 것으로 보인다. 일제의 수난을 지우고 그 기를 누르겠다는 정부의 의지와, 왕과 대통령을 동일시하는 정권의 인식을 담고 있다고 할 수 있다. 당시 노태우 정권은 전통에 대한 인식에서 박정희·전두환 정권과 크게 다르지 않았다.

전통 논쟁 또는 왜색 논쟁

건축계의 전통 논쟁은 민족, 전통, 한옥의 이데올로기적 활용에 대한 문제 제기가 아니라, 형태와 형식에 대한 논쟁으로 나타났다. 가장 큰 논쟁이자 거의 유일한 논쟁은 건축가 김수근이 설계한 부여박물관에 대해서였다. 논쟁은 부여박물관이 일본 신사의 입구인 도리이(鳥居), 일본 신사의 지붕 끝 장식인 지기(千木), 사무라이 장수의 투구인 카부토(兜) 등 일본의 조형적 특성을 닮았다는 것에서 시작되었다. 1967년에 왜색이 있는 국립박물관이라며 수많은 기사와 건축계의 비난이 쏟아졌고, 문교부 장관이 일본식이라고 밝혀지면 철거하겠다는 소견을 발표하기에 이르렀다.

09 〈품격을 짓고 국격을 담다〉, 《서울경제》, 2022. 8. 12.

① 부여박물관 전경. ② 부여박물관 후면. ③ 부여박물관 측면, ④ 부여박물관 입구.
⑤ 일본 신사의 도리이(鳥居). ⑥ 일본 신사의 지기(千木). ⑦ 사무라이의 투구 카부토(兜).

김수근은 일본 신사를 닮았다는 사실은 인정하지만, "이 건축 양식은 원래 백제에서 일본으로 전수된 우리 문화 고유의 것"이고, "부여박물관에 소장된 토기의 그림 무늬에서 이 같은 선을 발견, 설계에 원용한 것"이라고 주장했다. 그러나 당시 백제 연구자이자 부여박물관장인 홍사준과 국립박물관 미술과장 최순우는 전수되거나 고유한 것이 아니라고 반박했다.[10] 이런 논란에도 부여박물관은 거의 그대로 유지되었다. 다만 이런 시선이 부담스러웠던 정부는 도리이를 닮은 입구를 등나무로 가렸다가 몰래 철거

10 〈일본 신사와 같다〉, 《동아일보》, 1967. 8. 19.

했고, 지붕을 한식 기와로 덮었다. 이렇게 한국 건축계 최대의 전통 논쟁은 국가사업이어서인지, 김수근이 건축계의 실력자여서인지 알 수 없지만 형식 논란으로 빠르게 끝나 버렸다. 당시 건축계의 전통 논쟁은 역사의식이나 역사관과는 거리가 멀었던 것으로 보인다. 사실상 온갖 상징적 건물을 합치고 기와지붕을 덮은 콘크리트 한옥의 모습과 다를 바 없다.

하지만 이 전통 논쟁의 핵심은 형태와 형식이 아니라, 그 형태와 형식이 탄생한 배후에 있다. 일단 부여는 일제강점기 일본이 내선일체 발상의 성지로 부여신궁을 지으려 했을 만큼 일본과 관계가 깊은 곳이다. 또한 부여박물관은 국가 프로젝트였고, 건축가 김수근은 군사독재정권의 프로파간다를 수행하던 한국종합기술개발공사의 부사장이었다. 아시아반공연맹센터(현 자유센터, 1963), 남영동 대공분실(1976) 등이 김수근의 대표작이다. 특히 김수근은 군사독재정권의 권력자였던 김종필과의 관계로 성장한 인물이고, 부여는 김종필의 정치적 기반이었다. 김수근은 이런 부여의 특색을 안고 군사독재정권의 프로파간다 수행자로서 국립박물관을 설계한 뒤 궁색한 변명으로 일관했다는 점에서 비판받아 마땅하다.

조형적인 문제 또한 사회문화적 맥락과 무관하게 완전한 창조일 수 없으므로, 건축가가 부정한다고 해서 끝날 문제는 아니다. 특히 건축가 김수근은 일본 도쿄예술대학 미술학부에서 조형예술로 건축을 배운 사람으로서 일본의 조형적 속성에 익숙하다. 도쿄예술대학은 1949년 도쿄미술학교와 도쿄음악학교를 통합해 만든 대학이다. 도쿄미술학교는 1800년대 말 관립미술학교로 설립되었고, '메이지유신 이후 급속도로 서구 문물을 도입하는 시점에서 일본의 전통 미술과 훌륭한 기술을 전승 보존하고, 이를 근대산업에 응용하여, 국가의 부를 창출하고, 국제적인 위상을 높이겠다는'[11] 목적으로 설립되었다.

또한 김수근의 왜색 논란은 이번이 처음이 아니었다. 같은 해 몬트리올세계박람회 한국관 설계에서도 왜색 논란이 있었다. 일본의 건축 전문지 《신건축》은 한국관이 "목부 조작법의 디테일이 오히려 일본적"이고, 일본관과 일부 비슷하다고 평가했다. 당시 신문 기사는 "한국관과 일본관이 모두 '아제구라즈꾸리(校倉造)'하는 정자형(井字形) 구조를 기본으로 한 데서 출발한 난센스이며 이것은 김수근 씨가 자기 양식이라 주장하는 수법이 일본식임을 단적으로 말해 주는 것"[12]이라고 비판했다.

하지만 이 "전통 논쟁이 남긴 교훈은 기와를 덮는 직설적인 방법이 촌스럽다"[13]라는 정도였다. (한식)기와라는 형식적 전통 계

11 김수근은 1951년 한국전쟁에 징집된 후 탈영해 일본으로 밀항했다. 그리고 1954년 도쿄예술대학에 입학했다. 도쿄미술학교에서 도쿄예술대학으로 통합된 지 5년째 되던 해다. 도쿄미술학교(〈두산백과(네이버 지식백과)〉)와 도쿄예술대학(〈더위키(thewiki.kr)〉)의 설립 목적을 중심으로 정리했다.

12 〈김수근 씨 설계 캐나다 세계박람회 한국관에도 일본 냄새〉, 《동아일보》, 1967. 10. 21. 몬트리올세계박람회는 1967년 4월 27일~10월 29일에 열렸다. 정자형으로 쌓아 올리는 방식의 목구조는 일본 전통 건축의 중요한 구법이다. 한국에도 귀틀집이 비슷한 구조이지만 일반적으로 사용되지는 않았다. 도쿄예술대학에서 김수근을 가르친 당케 겐조(丹下健三)가 설계한 건축에서 자주 사용되었다.

13 이 사건 이후 김수근은 1971년 '궁극공간'을 발표하며, 자신의 건축에 전통의 가치를 적극적으로 수용하려 했다. 1989년에는 '환단건축'(《SPACE》 266호)이라는

1967년 몬트리올세계박람회(EXPO) 한국관 / 김수근.

1967년 몬트리올세계박람회(EXPO) 일본관 / 요시노부 아시하라(芦原 義信).

아주쿠라 주쿠리(校倉造) / 일본 나라시(출처: 正倉院展(www.shosoin-ten.jp)).

카가와(香川) 현청 동관 / 겐조 당케(丹下 健三)(출처: 카가와 현청(www.my-kagawa.jp)).

승으로 마무리된 셈이다. 군사독재정권이 전통을 이데올로기적으로 사용하는 것에 대한 저항이나 새로운 것을 추구하기 위한 옛것에 대한 부정, 그 어느 것도 아니었다. 이렇게 얼버무려진 논쟁은 결국 그 뒤에도 비슷한 일들을 생산했지만, 어느 순간 논쟁조차 사라져 버렸다.

그 뒤로도 건축계에서 전통은 여전히 중요한 기준이었다. 옛

신화의 현대적 계승자로 김수근을 신화화하기까지 했다. 이념적으로는 오히려 '전통성'에서 '한국성' 개념으로 더 확장되었다.

것의 형태를 직설적으로 따라 만드는 키치(Kitsch)한 전통 건축, ○○당(堂), ○○헌(軒), ○○제(濟), ○○마당 등 한자를 붙이거나 옛 이름처럼 붙이는 것이 유행했다. 2013년에 월간 《SPACE》와 《동아일보》가 '최악의 건축 20, 최고의 건축 20'을 건축 전문가 100인에게 설문 조사해 발표했는데, 여기에 이러한 전통에 대한 인식이 드러난다. 최악의 건축은 순서대로 보면, 서울시청사(2012), 예술의전당(1993), 종로타워(1999), 세빛둥둥섬(2011), 동대문디자인플라자(2014), 국회의사당(1981), 청와대(1991), 용산구청사(2010), 타워팰리스(2002), 중앙우체국(2008), 교보 광화문 사옥(1981), 독립기념관(1987), 아이파크타워(2005), 광화문광장(2009), 국립민속박물관(1968), 강남을지병원(2009), 국립중앙박물관(2005), 세운상가(1968), 전주시청사(1981), 충현교회(1988) 순이었다. 최고의 건축은 공간사옥(1977), 프랑스대사관(1962), 선유도공원(2002), 경동교회(1981), 쌈지길(2004), 절두산 순교성지(1967), 이화여대 ECC(2008), 다음 스페이스 닷원(2011), 환기미술관(1994), 웰콤시티(2000), 리움미술관(2004), 삼일빌딩(1970), 어반하이브(2008), 꿈마루(2011), 포도호텔(2001), 미메시스미술관(2010), 의재미술관(2001), 윤동주문학관(2012), 수졸당(1993), 인천공항(2008) 순이었다. 이 조사 결과의 특징은, 최악의 건축은 대부분 정부가 발주한 공공시설이고 최고의 건축은 민간에서 발주한 시설이라는 것이다.

최악의 건축 가운데 예술의전당은 "(설계자 김석철은) 한국의 전통적인 선비정신과 풍류를 상징하는 갓과 부채의 형상을 조형화한 점이 특징"이고, "국악당은 한국 전통 건축의 정수인 기와지붕 양식"으로 설계했다고 발표하면서 논란이 일었다.[13] 갓과 부채, 기와지붕 중에서 특히 갓이 논란의 중심이었다. 상암 월드컵경기장은 팔각소반, 전통 연, 황포돛배를 형상화해 전통문화를 표현하려 했다면서 논란이 일었고, 건축가가 그것은 자기 뜻이 아니었다고 항변하기도 했다. 이러한 논란들은 옛것을 퇴행적으로 모사하는 것에 대한 비판이었다.

한편, 최고의 건축에서 전통에 대한 평가는 다음과 같다. 공간사옥에 대해 이동훈 이화여대 건축학부 교수는 "한국 전통의 공간감과 재질감을 현대적인 어휘로 재해석해 냈다"라고 평가한다. 프랑스대사관에 대해 전봉희 서울대 건축학과 교수는 "한국의 전통 건축이 갖는 현대적 가능성을 잘 살렸다"라고 평가한다.[14] 이렇게 건축계에서 긍정적 평가를 받은 전통에 대한 해석은 공간감, 재질감, 현대적 가능성 등 추상적인 영역에 머문다. 그 자체로 정치적이라고 할 수 있다.

건축계 내부에서 전통 논쟁이 이렇게 극단적인 양상(형식 vs. 추상)으로 나타나는 원인은 무엇일까? 최악의 건축 조사에서와 같이 대부분이 공공시설임을 고려할 때, 정부의 전통에 대한 인식과 그 적용에 대한 요구가 근본 원인일 가능성이 높다. 또한 그것을 그대로 수용하는 건축가의 전통에 대한 인식과 지위도 있을 것이다. 건축가는 정부와의 관계에서 전문가가 아닌 갑을의 위계

14 〈전문가 100명이 뽑은 '한국 현대 건축물 최고와 최악'〉, 《동아일보》, 2013. 2. 5.

에 기반한 하수인에 불과하다.[15]

따라서 전통에 대한 올바른 해석과 계승은 우선, 정권의 이데올로기적 해석과 강요를 소거하는 데 있다. 그리고 건축계는 전통 담론의 구축을 통해 건축계 및 그 너머와 공감대를 만들어 가야만 한다. 정부와 건축계를 포함해 어느 특정한 집단이 전통을 규정하거나 해석하는 것은 문제다.

국가와 민족을 위한 한옥

현재 서울에 남아 있는 대부분의 한옥은 1930년대에 지어진 도시한옥들이다. 가회동, 익선동 등의 북촌과 삼선동, 보문동 등의 돈암지구가 당시 정부와 건축청부업자들에 의해 대규모로 개발되었다. 이 도시한옥들을 제외하고 다수를 차지하는 도시한옥은 1960년대에 지어졌다. 용두동, 제기동 등의 청량리지구와 정릉동 지역이다. 박정희 정권은 대규모 아파트 단지를 건설하는 동시에 주택단지와 한옥 단지를 대규모로 개발했다. 1960년대 도시한옥은 잘 다듬어진 석재로 높게 기단을 만들고, 도로에서 물러나 대문간을 만들고, 큰 목재의 굴도리(둥글게 만든 도리)로 층고와 (기와)지붕의 규모를 키운 조선시대 양반 가옥의 양식을 충실하게 따랐다.

1960년대 신문 기사는 "한옥에는 납도리가 굽도리보다 값이 크게 떨어지며 부형(敷桁)이 있어야 좋은 집이라는 것을 알면 된

15 〈전통미 담은 문화광장〉, 《조선일보》, 1984. 11. 6. 〈갓·부채로 외형 꾸며: 이문공 발표 예술의 전당·국악당 이달 착공〉, 《중앙일보》, 1984. 11. 5.

다. 한옥의 핵심은 재목에 있으므로 기둥과 대들보의 굵기와 목질(木質)을 살피고"[16]라고 한옥의 특징을 설명한다. 기사의 "굽도리"와 "부형"은 '굴도리'와 '부연 또는 겹처마'의 일본식 표현이다. 1960년대에는 '한옥'이라는 단어가 일반적으로 사용되지 않았는데, 한옥의 대규모 개발로 개체수가 많아지면서 관심이 높아진 것으로 보인다. 1930년대 한옥은 대부분 네모난 모양의 각재 형태로 만들어진 납도리였다. 당시는 목재의 수급이 어려웠고, 대량생산을 위해서 규격화가 필요했기 때문이다. 그런데 기사에서는 둥근 모양의 굴도리를 좋은 한옥의 조건으로 말한다. 또한 홑처마로도 처마를 길게 만들 수 있는데, 부연이 있는 겹처마를 강조한다. 기와집으로 된 양반가와 같은 큰 목재 사용을 조건으로 말하고 있는 것이다.

1960년대에는 한옥을 두고 조선집, 재래식 주택, 한옥이라는 용어가 뒤섞여 쓰였다. 한옥이라는 단어가 본격적으로 사용된 때는 1970년대부터라고 할 수 있다. 1960년대에 시작된, 정부의 광화문을 비롯한 상징적 전통 건축의 복원 사업이 큰 역할을 했다. 그 결과 1975년 《삼성 새 우리말 큰사전》에 처음으로 '한옥'이 표제어로 등재[17]되었다. 이 사전에서 한옥은 "우리나라 고유의 양식으로 지은 집을 양식 건물에 상대하여 부르는 말"이다. 지금은 "양식 건물에 상대"한다는 뜻을 소거하고, '온돌과 마루 그리고 마당'이라는 공간 형식을 부과해 정의한다. 절대적 의미로 변

16 〈외양에 현혹 말도록〉, 《조선일보》, 1969. 4. 27.

17 김근영, 〈현대 도시에서 한옥의 의미〉, 서울대학교 석사학위논문, 2003.

1960년대 대규모로 개발된 성북구 정릉동 도시한옥. 지역을 불문하고 기단·겹처마·홍살문 등의 양식, 층고·면적·지붕 등의 규모, 목재·석재·타일 등의 재료가 비슷한 형태로 조성된다.

화했다고 볼 수 있다. 또한 1975년 신영훈의 《한옥과 그 역사》,[18] 1978년 김홍식의 〈경기도 한옥 조사 보고서〉, 1983년 김봉렬의 석사학위논문 〈조선 후기 한옥 변천에 관한 연구〉 등 건축 전문가에 의해 한옥이라는 단어가 사용되기 시작했고, 이는 조선시대 민가에 관한 연구의 시작점이 되었다.

국가 시설 중심의 한옥에서 민가로 관심이 확장되었지만, 이는 사실상 한옥을 조선시대 양반 가옥으로 규정하는 과정이었다. 왜냐하면 여기서 민가는 곧 조선시대 양반 가옥이기 때문이다. 한옥에는 곧바로 한국적인 것, 민족, 민속, 전통이라는 수식어가

18 신영훈, 《한국 건축사 대계 1: 한옥과 그 역사》, 에밀레미술관, 1975.

따라붙었다. 한옥 개념은 일반적인 용례가 아니라 국가 중심으로 방향이 설정되었고, 특히 한옥의 미적 형식을 통해 외국의 건축 문화와 차별성을 확보하려는 방향으로 나아갔다. 그리고 이는 "처마의 곡선미도 우리 건축의 특성인 자연미의 하나다. 처마 곡선은 애당초 계획된 것이 아니다. 지붕에 쓰는 목재인 평고대(平交臺) 위에 서까래 등을 얹어 지붕 무게에 의해 자연적으로 휘어져 아름다운 곡선을 만들고 있는 것이다. 기둥의 배흘림이나 안쏠림은 현대 조형 기교를 능가하는 기술"[19]이라는 식으로 표현되었다. 1960~70년대부터 한옥은 곡선미, 특히 처마의 곡선미로 그 고유성이 평가되고 전통으로 알려지기 시작했다. 이러한 형태의 한옥은 처마가 있는 팔작지붕의 기와집을 기준으로 하며 꺾임집일 가능성이 높다. 조선시대 중기 이후 양반 가옥을 기준으로 하는 셈이다. 게다가 배흘림기둥은 부석사 무량수전 등 특수한 상징적 건축물에만 적용되었다. 그런데 이러한 소수의 건축물을 기준으로 한국의 고유성과 전통을 일반화했다.

국가(정부)의 인식도 크게 다르지 않았다. 정부는 1977년 3월 17일, 북촌 화동에 있는 한 한옥을 문화재(시도민속문화재 22호)로 지정했다. 이 집을 '백인제가옥'으로 지칭하고 건립 시기를 조선시대로 표기했다. 하지만 이 집은 일제강점기인 1913년 일본으로부터 귀족 작위를 받은 친일파 한상룡이 지어 살던 집이다. 백인제는 1944년부터 납북되기 전까지 몇 년간 거주했을 뿐이다. 큰 기

19 〈한국적인 것 전통의 현장 7 한옥〉, 《경향신문》, 1978. 5. 19.

와집이지만, 공간구성에서 일식과 서양식을 혼용했다. 전통이라고 말할 수 있는 점은 양반 가옥의 형식미를 따랐다는 것뿐이다.

실제로 한옥의 전통 담론은 1970년대 초 정부의 한옥밀집지역을 "민속경관지구"로 지정하겠다는 발표에서 시작되었다. "10년 전만 해도 서울 시내에는 곳곳에 한옥이 즐비해 옛 도시로서의 멋을 풍겼으나, 빌딩의 건설 붐과 함께 사라지기 시작, 몇몇 특수 지역을 제외하고는 양옥 등으로 탈바꿈하고 있"[20]어서, "근대화와 도시계획에 밀려 점점 줄어들고 있는 전통적인 한옥이 민속경관으로 보호를 받게 됐다."[21] 민속이라는 명분으로 사대문 안의 한옥을 대상으로 철거, 증개축, 보수나 도색 등의 행위를 제한했다. 모든 것을 정부가 통제해 한옥이라는 형식을 그대로를 지키는 방식이라고 할 수 있다.

이에 맞춰 1968년부터 서울시 빈민촌의 광주(현 성남시)로의 강제 이주가 시작되었다. 그리고 현재와 같은 고급화된 아파트 단지의 대규모 개발이 정부 주도로 이루어졌다. 일본의 맨션과 하이츠를 모델로 한 한강맨션을 비롯한 대규모 아파트 단지가 건설되었고, 이는 한옥의 변화에도 큰 영향을 끼쳤다. 그러나 민속 경관 보존 정책은 발표만 되고 실행되지 않았다. 이때 지정된 북촌의 주민들이 보존지구 해제 시위를 벌였고, 이에 따라 제한을 해제하면서 빠른 속도로 한옥은 멸실되었다. 결국 보존지구는 해제되고 개발이 추진되면서 대규모 도로와 주택단지가 들어섰다.

20 〈한옥 보존 지역 설정〉, 《경향신문》, 1971. 6. 9.

21 〈장안의 한옥 「민속경관지역」 지정 보존 서울시 방침〉, 《조선일보》, 1976. 9. 28.

이런 보존 정책과 함께 정부는 대규모 한옥지구를 개발했다. 1969년 한 신문 기사는 "제기1동은 총면적이 4만4천7백 평으로 2천8백 가구에 1만3천7명의 인구가 살고 있는 청량리 로터리 좌측 뒤편이고, 2동은 경동극장 및 고려은단공장 일대로 면적 2만4천3백 평, 가구 6천2백65세대에 3만1천10명의 인구가 거주하는 기와집 위주의 주택가. 또 고려대 뒤편에까지 이르는 제기3동은 총면적 5만2천1백40평으로 2천3백76세대에 1만1천9백17명이 거주하고 있는 지역"[22]으로 근래 개발된 청량리지구를 제기1, 2, 3동으로 나누어 상세하게 설명한다. 이렇게 서울시 동대문구 제기동에 부지면적 12만1,140평(40만m²), 가구 수 1만1,441호, 인구 5만6,627명의 대규모 한옥 주거지가 개발되었다. 현재 이곳은 약령시장, 경동시장, 청량리청과물시장 등이 자리해 있다. 필지는 채별이 아닌 가구(블록) 단위로 나뉘어졌고, 복제한 것처럼 거의 비슷한 조선시대 양반 가옥형 한옥이 지어졌다. 1호선 개통 뒤에도 분양이 잘되지 않아 정부가 서둘러 개발한 티가 났다. 제기동이 있는 청량리지구는 일제강점기인 1936년 "경성시가지계획"으로 발표된 10개 개발지 중 한 곳이었다. 일제강점기에 시행하지 못한 개발을 시행한 것이다.

1970년대 한옥 담론은 정부가 주도했다고 해도 과언이 아니다. 한옥은 곡선미로 대변되는 조선시대 양반 가옥을 기준으로 하는 형식미가 있어야 했고, 보존과 개발 모두 생활·거주·주거로서의

22 〈제기동 교통 편리한 주택가〉, 《매일경제》, 1969. 9. 16.

동대문구 제기동 경동시장 일대 전경(2012).

가치보다 팔작지붕의 기와가 덮인 형식이 중요했다. 특히 일제강점기에 지어진 도시한옥은 거주자와 일반 시민의 삶과는 거리가 멀었고, 건축 전문가나 장인도 큰 관심을 기울이지 않았다. 지금까지도 격이 떨어지는 집장사 집[23]이나 개량 한옥 정도로 치부되는 이유다. 그러다 1970년대 말에 도시한옥이 민속경관지구로 지정되었다. 1976년 민속경관지구로 지정된 북촌은 대부분 1930년대 전후 대규모로 개발된 도시한옥 밀집 지역이었다. 민속경관지구는 1983년 "제4종 집단미관지구"로, 현재는 "역사문화미관지

23 집장사는 1920~30년대 주택의 대규모 개발 과정에서 나타난 건축청부업자 등을 가리킨다. 당시 건축청부업자는 건축 설계부터 시공, 분양까지를 도맡아 시행했다. 건양사의 정세권이 대표적이며, 이들이 지은 도시한옥을 '집장사 집'이라고 할 수 있다. 집장사와 집장사 집은 격식을 갖추지 않고 이윤만을 목적으로 하는 모습을 낮추어 부르는 말이다.

구", "한옥보존지구"로 관리되고 있다. 민속은 전승되는 기층 문화를 의미하며, 습관적으로 행해지는 고정된 것에 가깝다. 정부는 증개축과 보수, 도색 행위까지 제한하며 의미를 추구하지만, 거주자의 생활공간으로 변화하며 전승되는 전통의 의미와는 거리가 있어 보인다. 1973년 조성한 한국민속촌처럼 박제화된 형태를 추구할 뿐이다.

한옥 대문을 열고 나온 대통령[24]

2000년대에 북촌 지역을 중심으로 한옥 보존 움직임이 시작되었다. 2000년 북촌 지역에 대한 역사문화미관지구 지정과 "북촌가꾸기사업"을 시작으로 한옥 보존 정책이 시행되었으며, 2002년 서울시 한옥지원조례 수립과 인사동 지구단위계획, 2008년 서울한옥선언, 2009년 서촌지역 지구단위계획 등 한옥 보존 관련 법제도가 본격적으로 시행되었다. 한옥 보존 정책의 기본 방향은 서울한옥선언에서와 같이 문화 경쟁력, 도시경관 등의 고급화 전략이었다. 이에 따라 한옥 보존 제도가 시행되는 지역과 시행되지 않는 지역의 편차와 변화 양상이 다르게 나타났다.

한옥 보존 제도가 시행되는 북촌 지역은 고급 주거지화하면서 도시한옥이 지어질 당시의 초기 모습으로 변화하는 양상을 보였다. 지하실이나 다락방과 같은 비교적 공사비가 높은 공간의 확

24 서촌의 체부동, 북촌의 가회동·삼청동·인사동, 돈암동과 동소문동, 청량리 용두동 사례는 정기황, 〈전통문화지구 보존(재생)정책의 장소산업적 접근에 대한 비판적 고찰〉, 2011을 수정·보완했다.

장 방식을 취하며 적응하거나, 관광지화하면서 상업가로 적응했다. 이와 반대로 한옥 보존 제도가 시행되지 않는 지역은 마당을 내부화하는 등 공간을 확장하는 방향으로 나아갔다. 마당을 거실화 또는 반(半)내부화하며 공용실로 확장했다.

종로구는 거주를 전제로 하는 인구보다 상업을 중심으로 하는 거주자의 비율이 높다. 도시·건축적으로 열악한 거주환경이다. 주차 등의 교통수단, 유치원 등의 기초 교육 시설 부족이 대표적이다. 그렇다고 해서 주거 또는 특정 용도로 보존(재생)해야 한다고 주장하는 것은 아니다. 다만 도시와 건축은 인간의 삶과 직접적으로 연결된 문화이므로, 전통과 역사에 대한 보존(재생)은 주민의 삶을 보호하는 것을 우선해야 한다. 하지만 이 지역에 시행된 정책은 그렇지 않다.

정책의 시행을 예산의 집행 현황으로 분석하면, 건물매입활용(53.0%, 282억8,100만 원), 환경정비(24.9%, 132억7,200만 원), 한옥개보수지원(22.1%, 117억9,000만 원)에 전체 533억4,300만 원을 쓰고 있다.[25] 대부분 예산이 건물 매입을 통한 지역의 물리적 보존과 그 보존 건물을 공방, 게스트하우스 등 관광을 주목적으로 하는 시설로 바꾸어 활용하는 데 쓰이고 있다. 환경정비와 한옥개보수지원도 물리적 공간의 정비, 특히 시각적·물리적 보존과 관광에 주목적을 둔다. 이는 정책이 장소와 공공성 확보라는 근본적 가치가 아니라 경제적 이익(산업, 관광 등)에 가치를 두고 있음을 보

25 정석, 〈민선 시기 서울시 북촌 정책의 지속과 변화〉, 《서울학연구》 통권 40호, 서울학연구소, 2010, 238쪽.

여 준다.

서울시 종로구에 있는 가회동은 전통문화지구로 만든 북촌(가꾸기사업)의 대표적인 지역이다. 북촌가꾸기사업은 1999년에 본격적으로 시작되었다. 북촌가꾸기사업은 시작부터 부동산 개발과 밀접한 관계를 맺고 있었다. 북촌의 부동산과 관련한 문제는 현재 진행형이다. 가회동의 공시지가는 북촌가꾸기기본계획이 발표되는 2001년을 기점으로 수직 상승했다. 서울시는 북촌가꾸기기본계획 이후 체계적으로 한옥 수선에 대한 지원금, 전기 시설의 지중화 사업, 비(非)한옥의 매입 등 여러 방면에서 공공투자를 하고 있다.

이런 보존 노력은 북촌가꾸기사업 이전에도 있었다. 북촌은 1976년 민속경관지구 지정, 1983년 제4종집단미관지구로 지정되었지만, 실질적인 정책은 실행되지 않았다. 오히려 점점 열악한 주거지가 되었다. 주민들의 반발로 1991년 주택 높이 제한을 10m, 1994년 16m(5층)으로 완화했다. 그 뒤 다가구·다세대로의 급격한 개발이 진행되고 대규모 재개발이 논의되면서, 다시 보존 정책 논의가 시작되었다. 개발을 추진하던 주민 모임이 보존 모임으로 바뀐 셈인데, 경제적 이익에 기반한 선택이라고 할 수 있다.

고건 서울시장 시절에 시작된 사업은 이명박 서울시장 시절(2002~06)에 본격적으로 추진되었다. 이명박 서울시장은 청계천 복원과 함께 북촌 보존 정책을 치적으로 삼았고, 대통령 당선 뒤 한옥을 중앙정부의 정책 대상으로 만들었다. 대규모 연구 사업과

이명박 대통령 당선자의 가회동 집.

2002년 가회동 31번지.

이명박 서울시장 임기 2002~06.
이명박 대통령 임기 2008~13.

한옥 관련 정책

2007년 한(韓)스타일 육성 종합계획 발표.
2008년 전통문화유산의 창조적 계승이 국정과제로 선정.
2009년 한옥기술개발을 위한 국가 R&D 추진.
2011년 국가한옥센터 설립.
2015년 한옥 등 건축자산의 진흥에 관한 법률 시행.

2010년 가회동 31번지.

지원 사업, 법제화를 진행하고 2015년 국가한옥센터를 설립했다.

이명박은 대선 후보자 시절에 20개월간 북촌 가회동 한옥에 전세로 거주했고, 당선자 발표와 함께 한옥 대문을 열고 나왔다. 두 채를 합친 363m²의 대규모 한옥이었다. 이 한옥은 2008년 말 평당 4,500만 원이었고, 이 일대는 3,500~4,000만 원 정도였다. 이 한옥과 같은 규모라면 채당 35~45억 원 정도였다. 북촌가꾸기사업 이전에 평당 기백만 원에 불과했던 부동산 가치가 채

10년도 되지 않아서 수십 배 오른 셈이다. 최병두는 이런 현상을 "오늘날 주거 공간은 과거와 같이 일상적 생활이 영위되는 장소이긴 할지라도 또한 동시에 투자나 투기의 수단으로 이용되고 있다. 이에 따라 사람들은 어떤 임계적 상황에서 주거 공간을 전자의 생활공간(주거라는 필요를 충족시키는 사용가치)으로 간주하기보다는 후자의 체계 공간의 일부(재산의 저장과 증식을 위한 교환가치)로서 인식하는 경향"[26]으로 진단한다.

북촌가꾸기사업 이전의 북촌은 노약자, 신혼부부 등 도시 서민층이 사는 열악한 주거지였다. 어린이집·편의점 등의 편의시설, 도시가스·차량 진입로 등 최소한의 기반 시설조차 없는 지역이었다. 따라서 원주민 대부분은 이러한 부동산 가치 상승을 견딜 수 없었다. 시세차익 등의 불로소득으로 형성된 이익은 북촌에 부동산을 구입한 새로운 사람들에게 돌아갔다. 또한 현재는 잘 관리된 경관을 바탕으로 영화나 드라마 촬영지로 자주 등장하는데, 이는 이 지역의 관광지화·고급화를 부추겨 집값(지가)을 높이는 요인으로 작용하고 있다.

가회동 지역은 현재 고급 주거지로 각광받으며 부자들의 별장 용도로 많이 사용되고 있다. 주말 사용이 늘면서 지역 커뮤니티가 해체되는 문제가 생기고, 계속해서 치솟는 지가(집값) 때문에 원주민들은 이곳을 떠날 수밖에 없는 상황에 내몰리고 있다. 35~50세 인구는 증가하는 반면, 이와 비슷한 비율(부모와 자녀의

26 최병두, 〈자본주의 사회에서 장소성의 상실과 복원〉, 《도시연구》 제8호, 한국도시연구소, 2002, 264쪽.

관계)이어야 하는 영유아나 유소년층의 비율은 감소하는 현상이 이를 뒷받침한다.[27]

장미골목

지하철 1호선 제기역 주변에 '장미골목'이라 불리는 마을이 있었다. 서울시로부터 제1회 푸른마을상(1996)을 받은 마을이다. 서울시정개발연구원에서는 이 마을을 대상으로 〈마을 단위 도시계획 실현 기본 방향〉이라는 보고서를 만들기도 했다. 이 마을은 골목이라는 공공 공간을 자발적으로 장미 골목으로 만들었는데, 이는 주민들의 커뮤니티가 강하게 형성되어 있어서 가능했다. 지금은 아파트 단지가 된 용두동 장미골목 한옥에 살던 황연희 할머니는 "35년 전 이 마을에 들어와 무탈하게 아이들을 대학까지 보내고 이제 모두 출가시킨 후 할아버지와 할머니 두 분만 사신다고 한다. 1990년대 초반에 대대적인 보수공사를 해서 바닥이 낮아 불편했던 부엌도 안방 레벨과 맞춰 생활하기 편리하게 만들었다고 한다. 지금도 할머니는 재개발 때문에 설치가 안 된 도시가스가 들어오고 주차 문제가 해결된다면 살기 좋은 곳이라고 생각하고 있다"[28]라는 내용의 인터뷰를 했다.

한국의 재개발은 다수의 동의로 이루어지며, 반대하는 소수는 권리를 포기해야 한다. 특히 재개발구역으로 지정되면 도시가스,

27 "북촌가꾸기기본계획"이 시작된 2001년을 전후한 1990~2005년 종로구 인구 통계(통계청, http://kostat.go.kr/) 분석.

28 정석, 〈한옥 주거지 실태 조사 및 보전 방안 연구〉, 서울시정개발연구원, 2006.

주차 시설과 같은 최소한의 편의 시설을 포함해 그 어떤 건축 행위도 금지된다. 재개발은 거주자의 삶의 질과 같은 만족도와 삶의 필요를 보완하는 주거 환경 개선이 아니라, 경제적 기준에 기반해 고사시키는 방법으로 이루어진다. 장미골목처럼 살기 좋은 마을이 재개발 사업으로 한순간에 사라져 아파트 단지가 될 수 있었던 이유다.

서울시의 보존(재생) 정책에 주민 생활의 필요는 고려 대상이 아니었다. 설문조사가 이를 대변하는데, 주민 만족도(용두1동 45%, 전체 67%), 재개발 찬성(용두1동 100%, 전체 61%)으로, 현재 거주에 만족하면서도 재개발에는 개발이익을 우선시한다. 주민 만족도의 이유로는 한옥 생활이 57%, 모두 만족이 29%, 주변 환경이 14%를 차지했다. 이런 상황에서도 재개발은 진행되었고, 이 마을은 아파트 숲으로 바뀌었다. 서울시가 주민의 의견을 경청했다면, 도시 보존(재생)에 관심이 있었다면, 장소와 공공성에 관심을 두었다면, 적어도 용두동과 같은 사례는 만들어지지 않았을 것이다.

도시와 건축은 공적인 것과 사적인 것 사이에 있다. 사적인 역할과 공적인 역할을 동시에 해야 한다는 뜻이다. 용두동 장미골목의 경우, 주민들 스스로가 골목길을 가꾸며 커뮤니티를 형성했다. 골목길 즉 공공 공간을 담론의 장으로서 만듦과 동시에, 자기 마당과 마루를 골목길로 개방함으로써 장소와 커뮤니티를 확장했다. 이와 반대로 가회동 31번지의 경우, 매우 잘 정돈된 외형을 갖추고 있으나 장소·공공성·공개성을 확보하고자 하는 노력

용두동, 재개발 이전 장미골목(2006).

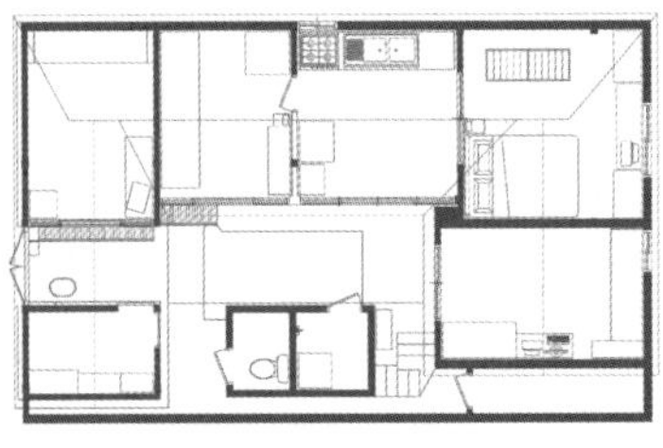

용두동, 재개발 이전 장미골목의 한옥 평면도(2006).

용두동, 재개발 이후 전경(2010).

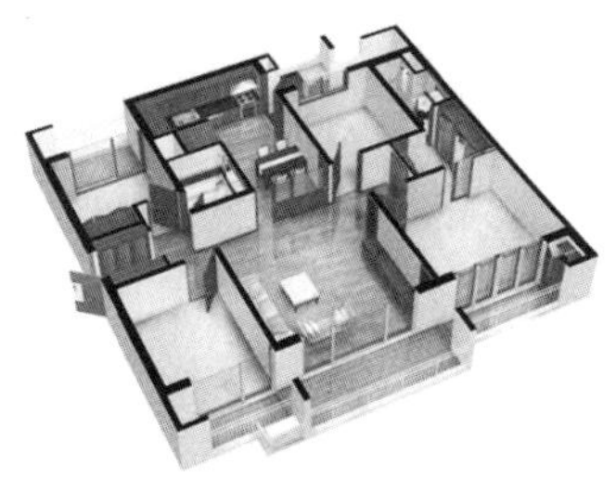

용두동, 재개발 아파트 평면(2010).

은 전혀 찾아볼 수 없다. 오히려 내부 지향적이고 폐쇄적인 방향으로 바뀌고 있다. 또한 정형화된 유형의 담장과 지붕, 내부 공간 등이 만들어지면서 도시·건축적인 다양함과 풍요로움이 사라지고 있다. 건축 외관에 대한 논의에 그치고 만 결과다. 물론, 건축 외관은 중요하다. 하지만 도시한옥이 경기형 민가를 바탕으로 자유롭게 변화하고 적응하며 만들어졌듯이, 현대 한옥 또한 주민들의 생각을 통해 자유롭게 변화하고 적응해야 한다. 즉 수평적 담

연번	긍정적 변화 및 잠재력	부정적 변화 및 문제점
1	서울의 대표적인 한옥밀집지역으로서 관심 증대	한옥의 상업화에 따른 정주 환경 훼손
2	서울의 명소 및 관광자원으로서 가치 창출	한옥 가격 상승으로 공공 매입의 어려움
3	한옥의 부동산 가치 상승 및 멸실 감소	획일적인 한옥 개보수 및 시공 수준 편차
4	북촌 일대 관광객 및 방문객의 증가	주요 가로의 상업화 가속
5	한옥 및 골목길 정비에 의한 환경 개선 효과	대규모 부지의 이전·개발에 따른 변화 예상
6	주민 및 관련 단체들의 다양한 활동 여건 마련	북촌 경관에 대한 종합적·체계적 관리 방안 부재

북촌의 변화 진단 및 전망(출처: 서울특별시, 2010, 〈북촌 제1종지구단위계획〉).

론이 이루어지는 장소를 만듦으로써 커뮤니티를 형성하고, 그 속에서 새로운 건축 유형 또한 태어나야 한다.

위의 표는 〈북촌 제1종지구단위계획〉 보고서에 수록된 '북촌의 변화 진단 및 전망'이다. 앞서 말한 가회동 도시 보존(재생)의 문제점을 잘 보여 준다. 긍정적 변화로 '관광 증대와 환경 정비'가 큰 비중을 차지하고, 부정적 변화로 '상업화와 한옥 가격 상승'을 들고 있다. 이는 서울시의 정책이 관광 증대와 환경 정비 즉, 장소 산업에 목적을 두고 있기 때문이다. 이미 원주민들은 대부분 이주했지만, 그나마 남아 있는 주민들의 설 자리(장소)조차 사라지고 있다.

삼청동과 인사동

서울시 종로구에 있는 삼청동은 일제강점기에 개발된 한옥밀집주거지역으로, 2000년 초반까지 퇴락한 주거지로 남아 있었다. 삼청동은 가회동과 마찬가지로 북촌가꾸기사업 지역이다. 이곳은 2000년 초반만 하더라도 저녁이 되면 어두워서 돌아다닐 수 없을 정도의 미개발 지역이었다. 공시지가 변동 추이를 보면, 1990년대 초에는 70만 원/m²이었으나 2000년을 기점으로 오르기 시작해 2007년경에는 300만 원/m²을 넘어섰다. 즉 북촌가꾸기사업 뒤 전통문화거리로 개발되면서 유동 인구가 늘어나고 상업 거리가 만들어졌다. 현재 삼청동은 인사동보다도 사람들이 많이 찾는, 서울에서 매우 유명한 관광 코스다.

부동산 거래가 활발히 일어나고 있으며, 자가점유율[29]은 낮고 주택가격 연간변동률[30]은 높다. 이는 임대 사업을 통해 상업화되고 있음을 명시한다. 수십 년에 걸쳐 상업화된 인사동에 비해 불과 십 년도 되지 않은 삼청동의 상업화는 자본주의의 시장 잠식 능력을 단적으로 보여 준다. 특히 유행처럼 만들어진 전통의 상업화는 삼청동의 정체성마저 흐리고 있다. 자본 권력과 문화 권력이 담론 체계를 장악하고 독단적으로 시장을 형성하는 단적인

29 자가점유율은 임대하지 않고 소유주가 직접 거주하는 가구의 비율을 가리킨다. 한국의 주택 통계에서 가구 대비 주택 수 비율인 주택보급률, 주택을 소유하고 있는 가구의 비율인 자가보유율과 함께 보유 현황을 보여 주는 대표적인 지표 중 하나이다.

30 주택가격변동률은 주택 가격이 변화를 보여 주는 통계로, 연간변동률은 그 지역의 개발 이슈 등을 확인할 수 있는 지표다.

삼청동 한옥 상가 1(2007).

삼청동 한옥 상가 2(2007).

삼청동 한옥 상가 3(2007).

삼청동 한옥 상가 4(2007).

예다.

삼청동이 상업가로 변모하면서 한옥도 상품으로 이용된다. 위의 사진은 삼청동 거리에 있는 상가들이다. 상가 1은 외벽을 철판으로 마감하고 한옥의 기와지붕만을 부각해 전통적 이미지의 광고 효과를 만들어 내고 있다. 상가 2, 3, 4는 한옥의 기둥과 지붕만이 남았는데, 그조차도 유리 구조물로 덮혔다. 한옥은 마치 박물관의 전시물과 같다. 또한 다양한 색상과 재료를 사용해 한옥을 입면(건물의 외면) 요소로 만들고 있다.

물론 이런 현상에 대해 좋고 나쁨을 말하고자 하는 것은 아니다. 이것 또한 우리 문화의 하나이기 때문이다. 다만 보존(재생)

정책으로 접근하자면, 정책의 시행 이전에 전통(한옥)에 대한 개선과 보수 등에 대한 연구·교육·홍보가 우선되었어야 한다. 왜냐하면 주민의 삶과 보편적 복지 차원에서, 주민이 문화·유산·전통을 영위할 수 있는 여건을 제공하는 것이 보존(재생) 정책의 역할이기 때문이다. 또한 건축물(한옥)의 무모한 상업적 이용은 사적 가치와 폐쇄적 가치의 증대를 가져올 수 있으며, 이는 장소와 공공성을 해치기 때문이다.

종로구에 있는 인사동은 한국인뿐 아니라 외국인에게도 많이 알려진 관광지구다. 동시에 중요한 역사와 전통을 간직하고 있는 지역이다. 인사동에 대한 정책은 박정희 정권 때 시작되어 현재까지 계속되고 있다. 물론, 방식에서 여러 가지 차이가 있다. 특히 공평동의 경우, 종로 피맛길을 비롯해 인사동의 일부를 대형 빌딩으로 개발하려는 계획이 있었다. 이에 따라 화신백화점이 사라지고 종로타워가 들어섰다.

서울시의 〈인사동지구단위계획〉 보고서에서 "방문객의 증가 및 계층의 변화는 자연히 일반 소비업종의 증가를 가져왔다. 일부 전통문화업종들이 소비업종으로 변하게 되고, 노점상 및 가판이 증가하면서 거리 모습 자체가 변화되는 결과를 낳았다. 이것은 또한 지가 및 임대료 상승으로 이어져 소규모, 저층 건물들이 주류를 이루던 인사동 길에 새로운 대형 건물들이 들어서려는 개발 압력으로 작용하게 되었다"[31]라고 밝혔듯, 산업을 목적으로

31 〈인사동지구단위계획〉 보고서, 서울특별시, 2002, 6쪽.

하는 관광지화는 기존에 형성된 문화를 소멸시킨다. 특히 정부가 주도하는 단기 사업은 기존 거주자들에게 적응할 여지조차 주지 않기 때문에 더욱 심각한 문제를 일으킬 수밖에 없다.

인사동의 공시지가는 2000년을 기점으로 급상승했다. 2008년 평균가가 1m²당 900만 원을 넘어섰다. 평당 지가로 환산하면 2,975만 원을 웃돈다. 통상적으로 실거래가가 공시지가보다 높다는 점을 고려하면(당시 30~70%에서 형성), 이보다 훨씬 높은 가격으로 거래가 이루어졌을 것이다. 이미 일반 시민이 살아갈 수 없는 곳이 되었다. 2000년 이후 부동산 거래가 거의 없다는 사실도 이를 뒷받침한다. 인사동은 부동산 자가점유율이 현저하게 낮고, 소유자의 외국 및 서울 이외 지역 거주율이 높다. 특이한 것은 다른 지역과 달리 단독(다가구) 거주율이 비교적 낮다는 사실이다. 높은 지가는 임대료의 상승과 소비업종으로의 전환, 그리고 소비객의 증가라는 악순환을 일으킨다. 인사동의 자본에 눌려 장소는 공공성을 잃은 지 오래다.

인사동의 인구통계를 보면, 20대와 40~50대가 주축을 이룬다. 부모와 자식 관계로 이루어지는 인구 그래프는 40~50대보다 20대에 집중되어 있다. 40대 이상 연령층이 자연 감소 없이 증가하는 추세로, 이는 상업 인구의 변화를 의미한다. 즉 전통문화가 교환가치로 치환되어 이익과 이윤을 추구하는 상업적 전통문화로 변모한 것이다. 하지만 긍정적인 것은 2002년 〈인사동지구단위계획〉 보고서에서 기술하고 있는 것처럼 주민단체, 시민단체, 민관협력단체의 역할이 중요하게 드러나고 있다는 점이다.

관련 조직		성격	주요 활동	계획팀과 협력 연구
주민 조직	인사 전통 문화 보존회	인사동 내 모든 업소를 대상으로 하는 지역 상인 단체	일요일 차 없는 거리 문화행사 및 인사전통문화축제 운영 홍보 책자, 안내 책자 및 안내 지도 제작	간담회 개최
	인사동 식구들	인사동 내 식음료업소들의 친목 모임, 매월 정기적인 모임 개최 지역 단위로 조직화	소속 회원들의 고유 명패 제작	한옥 주민 대상 면담조사를 위한 협조 요청
	인사동 번영회	인사동 내 지주들의 모임	건축 허가 제한 철회 운동	간담회 개최
	인사동 제모습 찾기 모임	인사동 내 문화예술 업소들의 모임	핸드메이드 인사동 캠페인	
민관 협의체	인사동 상설 위원회	인사동 주민대표(8명), 관련 공무원(4명), 구의원(1명)으로 구성	인사동 지구단위계획 및 문화지구 관련 위원회 개최	상설위원회에 계획 과정 설명 및 의견 청취(3회)
시민 단체	도시 연대	도시의 인간 환경 회복을 목표로 하는 지역사회에 밀착된 시민운동단체	인사동 길 확폭 반대 운동(인사모) 인사동 사랑방 운영 민익두가 살리기 운동 작은 가게 살리기 운동 등 주도	인사동 가이드 맵 제작 협조 인사동 사랑방 참가
기타	기타 관련 협회	고미술협회, 화랑협회, 표구화랑협회, 고미술동호인회 등 업종별 모임		

인사동 관련 단체들 및 협력 연구(출처: 서울특별시, 2002, 〈인사동지구단위계획〉 보고서).

앞서 본 북촌(가회동, 삼청동)과 인사동의 도시 보존(재생) 정책은 원주민에 대한 고려보다 한옥의 보존을 우선시한다. 그에 따른 지가 상승과 원주민 이전, 정책 시행에서 오는 혜택은 원주민보다 자본 권력이나 일부 계층에게 돌아가고 있다. 가회동, 삼청동, 인사동은 정책 시행 이전에 지가가 비교적 낮은 서민층의 주거지였음을 고려해, 출퇴근에 필수적인 교통수단과 주차장 확보, 유치원 등의 기초 교육 시설 확충이 한옥 보존 이전에 이루어졌어야 한다. 즉 주민들과의 수평적 관계 확보, 주민들이 담론의 장으로 나올 수 있도록 지원하는 역할을 정부가 우선 시행했어야 한다. 지금 살고 있는 주민이 원주민이 되는 이 시점에서라도 정부는 끊임없는 모니터링을 통해 주민 그리고 마을과 접촉하며, 그들이 장소를 만들 수 있도록 지원해야 한다.

토속촌

종로구 체부동은 경복궁과 사직단 사이에 있는, 역사적으로 매우 중요한 지역이다. 조선시대 한양 천도 전부터 고려의 이궁(離宮)이 있었으며, 조선시대에는 명문 세도가들의 주거지였다. 600년 이상의 역사가 담긴 만큼, 좁은 골목길과 낡은 주택들이 뒤섞여 있다. 그래서 2004년 '도시 및 주거환경정비기본계획'에 포함되어 정비 예정 구역이 되었고, 2004~08년 추진위 승인을 받았다. 하지만 2010년 4월이 되어서야 제1종지구단위계획에 포함되고 6월에 한옥밀집지역으로 지정되었다. 공시지가는 2002년을 기점으로 계속해서 상승하고 있다. 다른 지역들과 달리 현재까지

서촌 체부동 일대 한옥 지붕 경관(2007).

서촌 체부동 토속촌(2007).

서촌 체부동 토속촌 내부 마당(2007).

서촌 체부동 토속촌 외부 가로(2007).

오르고 있다. 이는 2000년대에 시작된 재개발 논의와 2009년부터 시작된 보존(재생) 논의와 무관하지 않다. 자가점유율은 비교적 낮은 편이고, 임대로 쓰이는 건물이 많다.

체부동에 있는 '토속촌'은 1990년대 말에 영업을 시작했다. 지구단위 계획 이전에 시작해 현재에 이르고 있다. 도시한옥 여러 채를 통합한 건물에서 삼계탕을 판다. 도시한옥은 대부분 아주 작은 필지로 만들어진다. 그래서 필지를 합필하기 위해 주차장, 세차장 등을 만드는 경우가 많다. 주차장과 세차장은 커다란 빌딩이 되기 위한 전 단계다. 이 지역만이 아니라, 서울시 전역의 한옥밀집지역에서 나타나는 현상이다. 이런 현상을 고려하면, 토속촌은 아주 예외라 할 수 있다. 토속촌은 큰 필지를 가지고 있다. 이 규모의 대지에 제1종지구단위계획 이전의 건축법을 적용하면 4층 건물을 지을 수 있다. 바닥 면적이 쉽게 4배가 되는 것이다. 빌딩을 지으면 훨씬 높은 가격을 받을 수 있으며, 그 임대 수익만으로도 굉장한 수익을 올릴 수 있다.

그렇다면 토속촌 주인이 단층의 한옥을 고수하는 까닭은 무엇일까? 토속촌은 이름에서 알 수 있듯이 전통적인 무엇과 관계를 맺으려 한다. 토속촌은 전통성을 보이는 상호와 삼계탕이라는 전통 음식, 전통적인 건축양식인 한옥을 이용해 높은 부가가치를 만들어 낸다. 토속촌 지배인에 따르면, "자신들은 사람들(손님)이 한옥을 좋아하고 신기해 하기 때문에 한옥을 지키고 있다." 아이들은 한옥을 보면서 "이게 몇 년이나 된 거예요?"라고 질문하고, 어른들은 "나도 이런 집에 살았었는데 또 보게 되니 기쁘네요!"라고 말하며, 외국인들은 "한국적인 것을 볼 수 있어서 좋아요!"라고 말한단다. 지배인의 말처럼, 토속촌은 한옥 이미지를 통해 다양한 사람에게 재미를 줌으로써 이윤을 극대화한다. 즉 전통, 문화, 삼계탕, 한옥 등의 자산을 경영해 자립 가능성을 스스로 만들어 간다.

토속촌은 각각 주택으로 사용되던 한옥 일곱 채를 합쳐 만든 음식점으로, 주거지역에서 상업지역으로 적응한 흔적이기도 하다. 주택을 음식점으로 개조하면서, 바닥을 투명한 재료로 덮어 마당과 골목길을 내부화했다. 하지만 기존의 골목길, 마당, 대문, 방의 구조 등은 그대로 유지하고 있다. 앞서 말한 것처럼, 한옥 공간의 특성을 유지함으로써 삼계탕이라는 전통 음식과 더불어 시너지 효과를 만들어 내는데, 이는 한옥의 공간적 변용을 통해 보존(재생)의 가능성을 만들어 내는 것이다.

미국인이 만든 한국식 집

돈암동(동소문동6가)은 다른 지역에 비해 지가의 변동이 매우 작다. 부동산 매매 등이 거의 이루어지지 않을 정도다. 오래된 주거지의 특징이다. 동소문동6가는 2000년 이후뿐 아니라 이전에도 부동산 변동이 거의 없었다. 자가점유율이 약 70%로 다른 지역에 비해 월등히 높고 오래된 주거지로서 커뮤니티가 비교적 잘 형성되어 있었다. 또한 마을과 한옥에 대한 주민 만족도가 높고 재개발 반대도 높았다. 그렇지만 2010년에 재개발 지역으로 묶여 재개발이 추진되었다. 그러자 "철거 위기의 한옥촌을 지키려고 송사를 벌"[32]이는 일이 일어났다. 송사를 벌인 이는 미국인 피터 바돌로뮤(Peter E. Bartholomew)다.

바돌로뮤는 1968년 한국에 와서 강릉에 있는 선교장에서 살았다. 동소문동6가에 있는 한옥에서 생활한 것은 1970년대 초부터다. 40여 년 넘게 한옥에서 살았다. 한국인보다 한옥을 더 잘 아는 외국인으로, 정부 정책에 저항해 그는 자신의 선택권을 주장했다. 한옥(집)을 교환가치가 아니라, 자신이 있어야 할 삶의 장소로 받아들인 것이다.

동소문동6가에 있는 바돌로뮤의 집은 조그만 도시한옥이다. 대문에 이어진 좁을 골목을 지나면 중문이 나오고, 문을 열고 마당에 들어서면 중앙에 커다란 나무와 집 주변으로 대나무가 휘날리는 고즈넉한 한옥이다. 바돌로뮤는 "저희 집도 넓고 대단하지 않지만 편하게 살 수 있는 방법을 찾아내서 살고 있습니다. 난방, 목욕탕, 주방, 세탁실, 겨울에 추운 점 등을 원형 모양은 그대로 보전하면서 다 개선했습니다. 기둥이나 문짝도 형태는 그대로 남기고 개조했습니다. 아궁이, 구들장도 보전하면서 집을 수리"[33]했다. 집에 대한 애착뿐 아니라, 불편하다고 생각되는 한옥의 단점이나 특징조차 장점으로 만들려는 그의 노력이 담겨 있다.

피터 바돌로뮤는 한옥밀집지역의 개발 반대 운동으로 유명 인

32 〈'한옥 지킴이' 바돌로뮤 씨 송사는 이겼지만 무산된 재개발 다시 추진돼…"주민 설득할 것"〉, 《연합뉴스》, 2010. 8. 26.

33 도시설계학회, 〈푸른 눈의 한옥 지킴이: 피터 바돌로뮤 님과의 인터뷰〉, 《도시설계학회 매거진》 8권 2호, 도시설계학회, 2010, 26쪽.

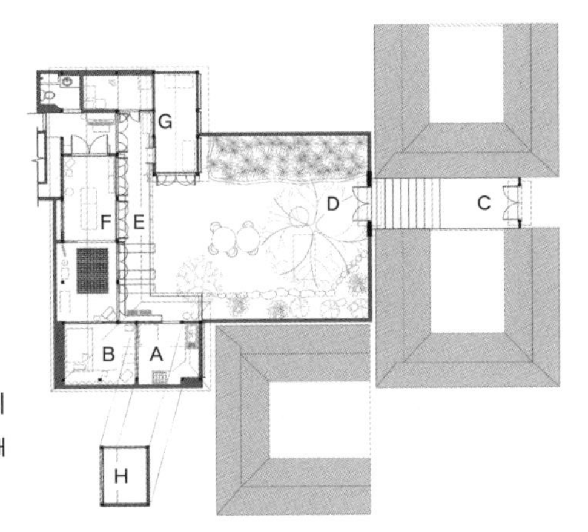

동소문동 피터 바돌로뮤의 한옥 평면도(출처: 서울시립대학교 역사도시건축연구실).

A 기존의 부엌을 그대로 둔 채 싱크대를 맞춰 넣어 한옥의 공간성과 동시에 편리성을 확보.

B 종이 장판, 침상과 반닫이 등 전통적 소품을 통해 안방을 고풍스러운 이미지의 공간으로 사용.

C 좁은 골목에 대문과 중문을 만들어 전통적 공간의 확보와 더불어 공간을 확장.

D 마당에 있는 큰 수목의 하부 그늘에 테이블을 두어 내부 영역 확장.

E 처마 끝 선에 덧창을 설치해 겨울철 단열과 보온.

F 마루와 건넌방 사이에 들창을 두어 내부 공간을 확장해 사용하기도 함.

G 조금 불편할 수도 있는 사랑채를 유지해 전통적 공간 또는 공간의 다양성 확보.

H 기존 부엌 상부의 다락도 유지해 수납공간으로 사용.

사가 되었고, 그 과정을 《도시설계학회 매거진》에 인터뷰[34]로 남겼다. 바돌로뮤는 커뮤니티에 대해 "사람들이 실제로 사는 동네 그대로 오래된 가게, 식당 등 이러한 것들이 자연스럽게 남아 있어야 합니다"라고 밝힌다. 지극히 당연한 말이지만, 바돌로뮤는 한국의 개발 과정을 보면서 문제라고 인식했던 것으로 보인다. 그는 주민 스스로 한옥을 보전하려 해도 재개발로 묶이거나 정부의 기획과 개발로 이루어지는 것을 "오버 플래닝(Over Planing)"이라 지적[35]한다. 특히 "한옥 보전은 정부가 주도하여 특정 구역을 정해서, 그에 따른 예산, 관리, 설계 등이 모두 정부의 승인하에 이루어지고 있습니다. 구역 내에서는 사람들이 자발적으로 자기 집을 자신의 취향대로 관리할 수 없습니다"라고 말한다. 완곡하게 표현하고 있지만, 사적 영역인 주거 결정권조차 정부가 결정하는 개발독재에 대한 지적이라 할 수 있다.

그러면서 그는 한옥 보전의 대안으로 "한옥 교육 캠페인"을 내세운다. 기술적인 부분과 인문학적인 부분을 시민들에게 알려야 한다는 것이다. 그리고 "한옥 응급실"을 만들어 집수리를 포함한

34 도시설계학회, 같은 책, 25쪽.

35 "한국에서는 한옥을 보전하려고 해도 재개발구역으로 묶여 있는 경우가 많아서 주민들이 자발적으로 집을 수리할 수 없습니다. 한국의 도시 개발에 대해서는 나는 오버 플래닝(Over Planing)이라고 생각합니다. 국민들이나 주민들이 아니라 정부 손으로만 개발하고 있습니다. 그렇기 때문에 주민들의 생활이나 영업과 관련된 재미난 아이디어들이 무시되는 경우가 많습니다. 무조건 정부에 다 동의해야 합니다. 우리 옆집에 사는 김씨, 이씨, 박씨 등. 다 한옥에서 살고 싶은 꿈이 있습니다. 하지만 시청은 이미 정해진 정책이나 절차대로 하지 않으면 인정하지 않습니다." 도시설계학회, 같은 책, 27쪽.

통합 정보를 한옥 거주자들 및 시민들과 공유할 것을 주장한다. 한옥 보전 정책 시행보다, 한옥에 대한 정보를 공유함으로써 시민들의 공감대를 형성하는 것과 한옥 거주자들에게 필요한 지원을 우선시한 것이다.

> 첫째, 한옥에 대한 교육 캠페인을 만들어야 합니다. 왜 한옥이 중요한가, 왜 보전해야 하나, 그 고유의 특징이 무엇인가 등 기술적인 부분과 인문학적인 부분을 모두 시민들에게 알려야 합니다. 한옥에 살아도, 절대 불편하지 않습니다. 편하게 살 수 있습니다. 오히려 한옥에서는 더 인간답게, 문화적, 자연적으로 살 수 있습니다. 요즘 저한테 '한옥에 살고 싶다, 좋은 한옥을 추천해 달라'는 이메일이 하루에도 몇 통씩 옵니다. 서울 시내에 북촌 말고도 회기동, 보문동, 효자동 등 한옥이 많지만 대부분 재정비구역으로 묶여 있기 때문에 자기 마음대로 보수를 하거나 거래를 할 수 없습니다. 국민들 마음대로 한옥을 사고팔 수 있는 시대가 왔으면 좋겠습니다. 둘째로 '한옥 응급실' 같은 것을 만들었으면 합니다. 현재는 한옥 주인들이 집을 수리하고 싶어도 어디로 연락해야 하는지 잘 모르는 경우가 많습니다. 일반 집수리점에 가면 인건비, 자재비 등도 부르는 게 값이기 때문에 주민들이 속는 경우가 많습니다. 그렇기 때문에 한옥 거주자들이 여러 가지 정보 등을 서로 교류하면서 일반 시민들과 공유할 수 있는 '한옥 응급실'이 있었으면 합니다.[36]

36 도시설계학회, 같은 책, 27쪽.

서울 종로구 체부동에 있는 토속촌은 전통문화에 대한 이해를 바탕으로 전통 공간의 상품화에 성공한 사례다. 특히 전통 음식인 삼계탕과 한옥이 만나면서 훨씬 큰 영향력을 발휘하고 있다. 단층인 한옥의 특성상 주변의 개발 압력을 이기지 못하고 한옥을 포기하는 경우가 대부분이다. 그러나 토속촌은 골목길, 마당, 온돌방 등 한옥의 전통 요소들을 적극 활용하고 배치함으로써 경제적 효과를 거두고 있다. 그것이 우연의 일치였을지라도 많은 교훈을 준다. 창조적인 사고, 특히 한옥과 삼계탕과 같은 전통문화 자원을 발굴해 경영함으로써 자립 가능성을 만들고 있다.

서울 성북구 동소문동에 있는 피터 바돌로뮤의 집은 한옥에 대한 애착과 현대적 사용에 대한 가능성을 스스로 열어 삶에서의 필요를 찾아가는 좋은 사례다. 그리고 이를 바탕으로 재개발에 저항하고 담론을 형성함으로써 장소와 공공성을 만들어 간다. 개인이 자신의 행위와 의견을 피력할 수 있는 장소를 가짐으로써 권리를 되찾을 수 있음을 보여 주는 것이다.

도시 보존(재생) 정책에서 가장 중요한 것은 두 사례에서처럼 주민의 자발적·적극적·주체적 참여를 바탕으로 정책이 시행되어야 한다는 점이다. 이를 위해서 정부는 정책 시행 이전에 주민의 필요와 실재를 파악하고 보존(재생)에 필요한 기술적·인문학적인 정보, 교육, 홍보를 실시해야 한다.

한옥은 관광 상품이 아니라 거주 공간이다

서울시는 2000년에 20년(2000~20)의 한옥 보존 정책을 회고하는 《서울 한옥 20년 회고와 확장》을 발간했다. 그동안 한옥 보존 정책에 깊게 관여한 서울시 고위 관료와 전문가, 그리고 대표적인 거주자들이 필자로 참여했다. 이 책에는 경복궁 근정전, 소쇄원, 인왕제색도, 고려청자 같은 문화재들과 함께 말끔하게 정돈된 한옥 주거지의 가로와 공간이 담겼다. 또한 서울시에서 만든 데이터 자료가 고위 관료들의 글과 함께 실렸다. 책을 보면 서울시의 한옥과 한옥 보존에 대한 태도가 잘 드러나는데, 고급화된 공간으로서 한옥을 만드는 것이 정책 방향처럼 보인다.

민족과 전통의 위험성은 국가나 권력 집단의 기획을 하향식으로 내려보낼 때 나타난다. 이렇게 "공유된 특성의 인식을 배제한 채 단순히 소속감이나 특이성만을 강조하는 장소는 파시즘으로 나아갈 가능성"[37]이 크다. 따라서 일제강점기에 지어진 것을 조선의 것으로, 현대적인 삶보다 조선의 형식을, 거주자와 시민의 공감대보다 특정 집단의 기준으로 한옥을 규정하고 정책적으로 시행하는 것은 위험하다. 역사(시간의 흐름)와 전통(삶의 방식 변화)으로 만들어진 도시는 삶의 방식을 저장하고 있는 중요한 교과서다. 사람이 아무리 현명하다 해도 수십 년, 수백 년의 시행착오를 거쳐 만들어진 도시보다 나은, 도시민의 삶을 담아낼 도시 조직을 계획하기란 쉽지 않다. 역사와 전통은 무조건 지켜야 하는 대상이라서 중요한 것이 아니라, 우리 삶의 필요와 실재라서 중요한 것이다. 즉 역사와 전통에 대한 비판적인 의식을 통해 도시 조

37 최병두, 〈자본주의 사회에서 장소성의 상실과 복원〉, 《도시연구》 제8호, 한국도시연구소, 2002, 270쪽.

직을 지켜 나가야 한다. 개발 또한 마찬가지로 '무조건 나쁘다'고 판단하기 전에, 우리 삶의 필요와 실재를 담고 있는지를 비판적으로 살펴야 한다.

서울시가 한옥밀집지역의 (재개발을 통한) 멸실을 주도하면서 보존(재생) 정책을 만든다는 것도 아이러니지만, 서울한옥선언에서 말하는 특정 지역과 특정 개체의 한옥을 보존(재생)한다는 것 또한 아이러니다. '특정 지역, 특정 개체를 제외한 나머지에 대한 개발 정당성을 확보하고자 하는가?'라는 의문이 들 정도다. 서울시가 한옥밀집지역을 보존(재생)하려는 의지가 굳세다면, 그곳에 사는 사람들의 삶의 실재와 필요를 면밀하게 분석하고 조사하는 것이 우선이다. 또한 정책 시행과 더불어 모니터링이 필요하다. 왜냐하면, 이를 통해 정책을 보완하고 주민의 삶을 계속해서 반영해 나가야만 지속 가능해지기 때문이다. 도시 보존(재생)은 장소와 공공성에 대한 이해와 확보를 통해 이루어진다.

2000년대 전통 마을과 한옥은 정부의 정책적 판단과 전문가 집단의 결정에 따라 조성되었다. 정부는 콘크리트 한옥과 궁궐 등 상징적 문화재에 집중했고, 전문가들은 민가에 집중했다. 그 결과 "원형보존"의 한옥밀집지역이 탄생했고, 곧바로 관광지화되었다. 하지만 그 주도권은 여전히 정부에게 있었고, 사유재산의 가치가 기준이 되었기 때문에 민중, 시민, 공공성을 확보할 수는 없었다. 북촌의 한옥은 보존되었지만 용두동의 한옥은 철거되었다. 원주민들은 내쫓기고 부자들의 별장이 되었다. 북촌 보존 정책을 편 이명박 서울시장은 대통령에 당선된 날, 가회동 31번지

한옥 대문을 열고 나왔다. 한옥 보존은 시민들의 삶과 그들이 지키고자 하는 주거가 아니라, 한옥이라는 형식이었다.

1960~70년대와는 다르지만, 여전히 전통과 한옥은 권력의 이데올로기로 작동하고 있다. 서울에는 북촌과 서촌 지역 이외에도 수많은 한옥이 존재한다. 서울 이외에도 전주나 안동 등에 개성 있는 한옥들이 있다. 그런데 서울로, 한국으로 묶어서 하나로 설명하려 한다. 이는 지역을 지우고, 거주를 지우고, 생활을 지우는 결과를 초래할 수밖에 없다. 한국의 한옥 또는 서울의 한옥으로 추상화된 보편적 기준으로 전주와 안동의 한옥을 판단하는 것은 적절할까? 한옥이 밀집한 지역인데도 보존의 대상이 아니라 재개발의 대상이 되는 까닭은 무엇일까? 이러한 정책을 누가 어떻게 결정하는 것일까? 정부 정책의 수혜를 받지 못한 한옥에서의 삶은 어떨까? 무엇보다 거주자와 사용자의 필요와 실재는 정책에 반영되고 있을까? 이런 세심한 질문이 필요하다. 학문은 실재와 필요를 위해 존재하며, 실천으로 이루어질 때 완성된다. 건축이 일상의 공간과 그 안에 담긴 문화에 관심을 가져야 하는 이유다.

적응의 시대

5

만들어지는

전통으로서의 한옥

적응(Adaptation)은 자신의 필요에 맞게 능동적으로 변화하는 것이다. 군사독재정권기에 한옥은 재래식 주택으로서 개량의 대상이거나, 전통문화로서 관리의 대상이었다. 즉, 국가가 주도하는 개발 또는 박물관화(또는 디즈니화)의 대상이었다. 1990년대에 포스트모던의 바람이 불면서 한옥에 관한 연구가 시작되었고, 1993년 문민정부와 함께 지방자치제도가 자리 잡기 시작했다. 북촌가꾸기사업이 시작된 2001년부터 한옥 사용자의 필요에 따른 능동적 변화가 많아졌고, 이런 의미에서 '적응의 시대'로 부를 수 있다.

집은 가족이나 마을 단위의 집단적 노력으로 만들어진다. 그래서 지역이나 시기에 따라 유형적 유사성을 보인다. 예를 들어, 유목민의 게르 또는 유르트는 가족 단위로 이동하며 세울 수 있는 구조다. 또한 우리나라에서 초가집의 이엉을 엮는 일은 가을 추수가 끝난 뒤 마을 사람들이 함께하는 마을 행사였다. 개인이 할 수 있는 일이 아니었다. 사회적으로 형성된 이러한 기술, 관습, 문화는 이어질 수밖에 없는데, 개인(특정)의 집합인 집단(보편)에 의해 선택되어 진화하는 것을 우리는 흔히 '전통'이라 부른다. 반대로 선택받지 못하고 퇴화하는 것이 '인습'이다. 여기서 집단은 문화적 공감대가 형성된 '지역'을 일컫는다. 따라서 전통의 변화는 필연이고, 집은 지역의 문화적 집적체다. 하지만 앞선 장에서 밝혔듯이, 전통은 국가의 정통성 확보를 위해 통치 수단으로 활용된 이데올로기였다. 전통은 국가에 의해 과거의 것을 형식화·제도화하는 형태로 이용되어 왔다. 흔히 말하는 '만들어진 전통'이다. 이것이 한국에서 더 일반적으로 쓰이는 전통의 또 다른 의미다.

이 두 가지 전통('전통'과 '만들어진 전통')의 차이점은, 전자는 개인과 집단이 필요에 따라 선택된 것으로서 상향식으로 형성된 문화라면, 후자는 국가가 형식화·제도화한 것으로서 추상적이며 하향식으로 적용된다. 따라서 후자는 파시즘적 속성을 가질 수밖에 없다. 그런데도 국가가 주도하는 전통에 순응하는 것과 동시에 구체적인 일상을 영위해야 하는 개인이나 집단(마을)은 그들의 필요에 맞게 적응하며 전통을 만들었다. 따라서 전자의 전통을 이해하기 위해서는 국가의 사업이나 권력자의 공간이 주를 이루는 문화재가 아니라, 잘 기록·연구되지 않은 개인 또는 마을이 만든 집을 살펴야 한다.

한반도의 자연환경에 어울리는 집의 조건으로 조선시대에는 '주택지 지형에 앞이 높고 뒤가 낮으면 문호(門戶, 집으로 드나드는 문)가 끊긴다'라는 말이 있었다. 조선 숙종 때 홍만선이 쓴 《산림경제(山林經濟)》에 나온다. 사계절이 뚜렷하고 산이 70%를 차지하는 한반도에서 당연한 집의 배치일 텐데, 문호가 끊긴다고 겁을 주고 있다. 조선시대에는 집에 관한 미신이나 속담이 많았다. 백성들은 대부분 글을 읽을 수 없었으니, 집에 관한 정보를 확산시키는 좋은 방법이었을 것이다. 이런 식으로 경기도 지역에 형성된 한옥 유형을 경기형 민가라 하고, 서울의 한옥은 보통 이 유형을 따랐다.

그런데 일제강점기에 대량으로 건설된 도시한옥은 경기형 민가가 아니라, 조선시대 양반 가옥 유형으로 지어졌다. 그 뒤 박정희 정권기에는 콘크리트에 기와를 덮은 국가 시설을 건설했고, 높은 석재 기단과 홍예문 등을 설치한 양반 가옥 유형의 한옥을 대규모로 지었다. 현재 한옥이 팔작지붕으로 대표되는 조선 중·후기 양반 가옥에만 사용되던 특수한 형식으로 인식되는 이유다. 이런 대규모 한옥 개발과 함께 1970년대에 정부는 새마을운동 같은 생활개선 및 주택개량운동을 통해 기존 한옥을 개량의 대상으로 만들었다. 이제 한옥은 보호의 대상이 아니라 폐기의 대상이 되었다. 북촌 등에 관심을 가지기 시작한 2000년 이전까지, 한옥은 최소한의 관리조차 받지 못한 채 무너져 내리고 있었다.

1980년대에 서울의 인구는 1,000만 명을 돌파했다. 이에 따라 재개발·재건축을 통한 대규모 아파트 단지 건설과 소규모 공동주택(다세대·다가구) 건설 등의 주택 보급 정책이 시행되었다. 한옥 보존 정책[01]은 제대로 시행되지 않았고, 오히려 보존 정책으로 개발이 어려울 것을 예견한 주민들의 반발로 한옥밀집지역의 개발이 앞당겨졌다. 1986년 건축법 개정으로 다세대·다가구법이 시행되면서, 작은 필지의 도시한옥은 다세대·다가구 주택으로

01 한옥보존지구 지정(가회동, 사직동, 옥인동, 필운동, 경운동, 운니동 일대) 및 북촌 일대를 제4종 집단미관지구로 지정(1981), 한옥보존지구 건축 기준 마련 및 한옥 보존지역을 도시설계지구로 지정(1984), 인사동 전통문화의 거리 조성(1988), 한옥보존지구조정안에 의한 건축 규제 완화(1990) 등 1980년대 한옥 보존과 관련한 정책이 시행되었으나, 1991년 한옥보존지구가 해제되면서 급속도로 다세대·다가구로 개발되었다.

연도	호수	인구수	호당 인구수
1980년	1,842,239	8,364,879	4.5
1985년	2,329,374	9,639,110	4.1
1990년	2,817,762	10,612,577	3.8
1995년	2,971,185	10,231,217	3.4

1980~90년대 서울의 인구 변화와 호당 인구수.

개발되기 시작했다. 기존의 도시한옥이 다가구(셋집)로 분화함에 따라 1인당 면적은 더 줄어들었다. 또한 다세대·다가구법이 주거지 내에 상업 시설을 허용하면서 주거지의 상업화가 시작되었고, 이에 따라 도시한옥의 상가로의 변용이 이루어졌다. 이 시기에 난방설비, 가전기기 등이 일반화되면서 사회 전체적으로 생활 방식이 크게 바뀌었다.

이 장에서는 이런 도시적 변화 과정에서 한옥은 어떤 것이 선택되고 어떤 것이 선택되지 않았는지를 살펴본다. 선택의 과정에서 일반적으로 적응한 유형을 적응태로 지칭하고, 이 적응태의 과정과 내용을 추적한다.

한옥의 패러다임을 바꾼 복도와 현관

예나 지금이나 한국 집에서 찾아보기 쉽지 않은 것이 복도다. 특히 한국의 일반적인 주거 유형이 된 아파트에서 복도를 찾기란 쉽지 않다. 하지만 현관은 거의 모든 집에 있는 공간이 되었다. 한옥에 현관이 도입된 때는 1920년대다. 조선인 건축가들이 1920년대에 제안했고, 1930년대에 설계한 공간에서 현관이 나타났다.

마당에서 각 실로 이동하는 한옥의 공간 구조에서는 실별로 현관이 있어야만 했다. 현관은 복도, 거실 등 내부 공간 전체를 연결하는 적응의 일부인 셈이다. 집이 주인과 하인, 남자와 여자로 분리된 유교적 신분제 공간에서 가족의 공간으로 전환되고 있음을 말해 준다.

대부분의 한옥에서는 공간 전체를 연결하려는 현상이 나타나는데 이는 절대적인 필요였던 것으로 보인다. 다만 마당, 대청, 안방 등 기존 한옥의 주요 공간 변화를 전제해야 했으므로 어려움이 따랐을 것이다. 기술적·기능적 문제도 있었지만, 특히 1980년대까지 성주신을 모시던 대청마루를 유지하는 것으로 볼 때 관념적인 공간 문화의 영향이 가장 컸던 것으로 보인다.

공간 연결은 크게 '복도 중심 연결'과 '거실 중심 연결'로 나눌 수 있다. 복도 중심 연결은 가장 직관적이고 쉬운 방식이었을 것이다. 왜냐하면 기존 한옥의 대청마루, 툇마루, 쪽마루[02]가 어느 정도 복도 역할을 하고 있었기 때문이다. 거실 중심 연결은 응접실, 거실, (내부화된) 부엌과 식당 등 소위 LDK(Living, Dining, Kitchen)로 대변되는 새로운 공간의 도입으로 만들어졌다. 열린

02 한옥의 마루에는 대청마루, 누마루, 툇마루, 쪽마루가 있다. 살림집에서 대청마루에 집에서 위계가 가장 높은 성주신을 모시는 것처럼 대청마루는 위계를 나타내는 공간이고, 누마루는 주로 양반 남성이 신선처럼 풍류를 즐기기 위한 공간이다. 이에 반해 툇마루와 쪽마루는 기술적이고 기능적으로 분류한 공간이다. 툇마루는 기둥과 기둥 사이에 만든 마루로 공간을 연결하는 구조적이고 기능적인 역할을 하며, 쪽마루는 외벽에 독립적으로 만든 마루로 기능적 역할만을 한다.

공용 공간을 활용해 내부 공간을 연결하는 방식으로, 현재 한국의 주거에서 일반적으로 사용되는 공간 형식이라고 할 수 있다. 더불어 마당을 내부화해 거실로 만들기도 했는데, 이는 지금의 아파트 등 한국 주거의 공간 구조와 비슷하다.

이 두 가지 방식 모두 현관을 만든다. 다만, 복도형은 복도의 끝에 현관이 놓이고 거실형은 거실에 현관이 놓인다. 현재 한국의 주거 유형으로 보면, 복도형은 도태되고 거실형이 살아남았다고 할 수 있다. 마당이라는 외부 공간을 내어주고 거실이라는 내부 공간을 선택한 셈이다.

하지만 한옥으로 국한하면 꼭 그렇지는 않다. 중정형의 한옥은 마당을 내부화하면, 마당의 외기와 면하는 벽(창호)이 내부화되므로 겹집 모양이 된다. 중당식, 집중식 등 필지의 중심에 겹집 모양의 한옥을 배치하는 제안과 실험이 있었지만, 마당 중심의 홑집이 일반적으로 선택되었다. 또한 도시한옥의 기본 구조가 되는 경기형 민가는 많은 경우 대청이 있는 안채의 구조를 1고주 5량으로 구성해 마당 방향으로 툇칸을 만들었다. 툇칸은 건넌방과 부엌을 연결하는 복도로 사용되었다. 도시한옥 또한 경기형 민가와 마찬가지로 1고주 5량 구조를 취하는 경우가 많았으나, 칸의 폭이 좁아서 툇칸으로 구성하지 않기도 했다. 하지만 내부 공간의 동선을 편리하게 만들기 위해서 1고주 5량이 아니더라도, 처마 밑에 쪽마루를 두어 1고주 5량의 툇마루처럼 사용했다. 공간의 연결이 중요해지면서 만들어진 적응태라 할 수 있다(230~31쪽 참조).

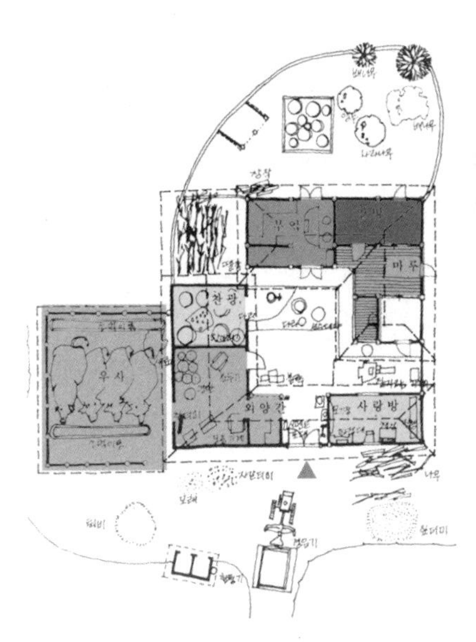

1고주 5량 구조의 대청 / 서울시 성북구 성북동(2012).

1고주 5량 구조의 대청 / 서울시 성북구 성북동(2012).

1고주 5량 구조의 툇칸(툇마루) / 서울시 종로구 가회동(2009).

쪽마루 활용 / 서울시 종로구 가회동(2001)(출처: 서울시립대학교 역사도시건축연구실).

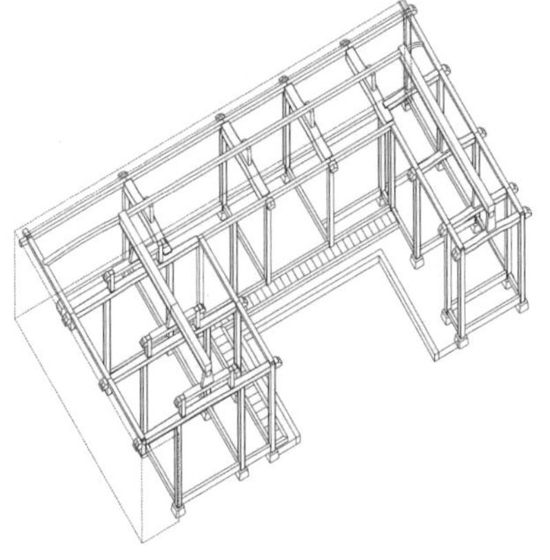

도시한옥의 쪽마루 / 서울시 종로구 가회동(2008).

더 나아가 도시한옥의 공간 연결은 분리되었던 안채와 바깥채를 연결하거나 안방과 부엌을 연결해, 내부 공간을 내부 동선으로 통합하는 방향으로 적응했다. 복도 중심 연결에 관한 실험은 일제강점기 박길룡과 김종량의 H자형 한옥이 잘 보여 준다. 다만 이는 신축으로 공간구성과 목구조 등을 전면적으로 바꿀 때만 가능하다. 그런데도 결과적으로 복도형으로 적응한 한옥과 많은 유사성을 띠고 있다. 정형은 아니지만 마당을 유지한 중정형이라는 점, 대청이 복도이자 공용 공간으로 중심을 이룬다는 점, 부엌·욕실 등의 수(水) 공간을 내부화해 복도로 연결한다는 점, 대청(거실)·부엌·화장실·욕실 등의 공용 공간을 집중시켜 공간을 연결하는 점이 그렇다.

하지만 도시한옥은 중정을 중심으로 하는 ㄷ자형 구조였고, 기둥과 기둥 사이의 폭이 7~9자(2.1~2.7m) 안팎으로 매우 좁았다. 또한 주변 필지 경계까지 처마를 내밀어 옆집 처마와 맞닿아 있을 정도로 변화의 가능성이 제한되었다. 따라서 초기 도시한옥은 안채와 바깥채로 분할된 구성에서 채와 채 사이의 공간을 연결·확장하는 구성으로 바뀌었다. 기존 양쪽 채의 벽을 활용해 두 면의 벽만 세우면 공간이 구성되므로 비교적 쉽게 공간을 확장할 수 있었다. 또는 채와 채 사이의 공간을 마루로 구성해 공간을 연결하는 데 사용하기도 했다. 채와 채 사이의 공간 확장은 주로 북촌 지역에서 많이 나타나는데, 이 지역의 도시한옥이 ㄷ자형으로 고착되기 이전에는 채가 분리된 구조가 많았기 때문이다. 1986년 조사된 도면으로 보면, 채가 분리되어 여러 개의 지붕으로 만들어

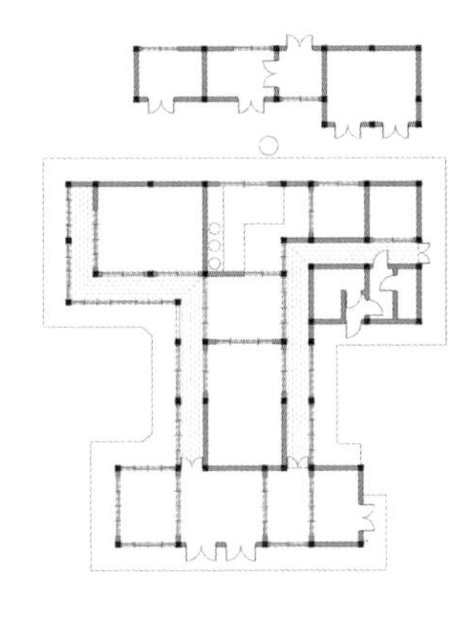

민병욱 가옥 평면도 / 박길룡 설계.

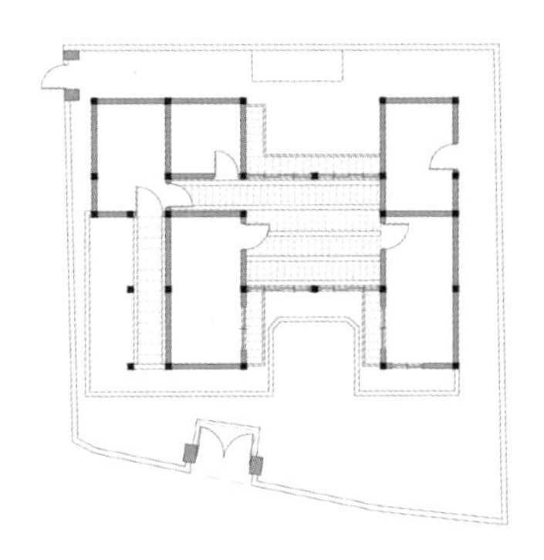

H자형 한옥 평면도 / 김종량 설계.

진 도시한옥보다 ㄷ자형으로 지붕을 만들어 사용한 것이 많다.

이렇게 채를 결합한 뒤에는 대청마루를 중심으로 툇마루와 쪽마루로 공간을 연결하고, 처마 끝까지 공간을 확장했다. 비좁고 열악한 공간의 확장이자 내부 공간 전체를 연결하는 방식이었다. 박길룡의 H자형 한옥은 복도 구성을 위해 조선시대 목구조의 변형을 감수했고, 일본식 집이라는 비난을 받았다.

당시 내부 공간의 연결은 생활 방식의 변화와 공간 인식 변화가 만들어 낸 결과물이었다. 대청은 거실로, 툇마루가 있는 건넌방은 욕실·화장실·부엌·식당 등 공용 공간으로 변용되었고, 이는 한옥 공간구성 변화의 시작점이 되었다.

안방의 변신

생활 가전 중 가장 먼저 일반화된 것은 TV다. TV 보급률은 1980년 가구당 0.65대, 1985년 가구당 1.05대로 1980년대에 집마다 있었다. 컬러 TV가 1981년 영화 상영 규제와 함께 정책적으로 보급되었기 때문이다. 전두환 정권의 우민화(愚民化) 정책인 3S(Screen, Sports, Sex) 산업 육성의 일환이었다. TV는 일반적으로 거실에 놓인다. 한옥에서는 어디에 놓았을까? TV 다음으로 일반화된 생활 가전은 냉장고다. 냉장고 보급률은 1990년에 가구당 1.06대로 집마다 있었다. 한옥에서는 냉장고를 어디에 놓았을까?

한옥에서는 TV와 냉장고를 대청이 아니라 안방에 놓았다. 당시에 대청은 거실이 아니었다. 안방이 가족이 모여 TV를 보고 대화를 나누는 거실이었다. 미국에서도 "텔레비전 시청자들은 서로를 보는 것이 아니라 같은 방향으로 시청하기 때문에 전통적인 거실 배치는 좀 바뀔 필요가 있다"[03]라고 충고했다. TV의 등장은 주거 공간의 변화뿐 아니라 생활 방식의 변화를 예고했고, 실제로 TV 시청 시간이 길어지면서 거주 공간(거실)에 머무는 시간이 늘어났다. 한옥의 안방은 TV의 등장으로 거실(Living Room) 기능이 더욱 강화되었다. 또한 안방은 가족이 밥을 먹는, 부엌과 연결된 식당이었다. 냉장고가 안방에 놓인 이유도 이런 공간 사용과 관련 있다. 그리고 안방은 집안의 가장 부부가 잠을 자는 침실이

03 "전후 문화의 일부로 자리 잡은 텔레비전은 사회적 공간의 의미심장한 재편성을 나타내는 징후인 동시에 촉진하는 역할을 했다. 여가 시간의 대부분은 관람성 오락—영화를 보거나, 스포츠 경기를 관전하거나, 음악회에 가는 것 등을 포함—을 즐기며 보냈는데, 이러한 것들은 점차로 가정의 일부분으로 편입되었다. 1950년에는 전체 미국 가정의 9퍼센트만이 텔레비전 수상기를 가지고 있었는데, 1950년대 말에는 거의 90퍼센트의 가정에 텔레비전 수상기가 놓이게 되었고, 보통의 미국인은 하루에 5시간 정도 텔레비전을 시청하였다." 린 스피겔, 김미선 외 옮김, 《섹슈얼리티와 공간》, 동녘, 2005, 233~34쪽.

	1971	1975	1980	1985	1990	1995	2000	2006
TV	0.04	0.21	0.65	1.05	1.16	1.37	1.43	1.46
오디오	0.01	0.02	0.07	0.20	0.47	0.72	0.72	0.34
냉장고	0.01	0.04	0.28	0.69	1.06	1.05	1.08	1.02
세탁기	0.05	0.04	0.12	0.33	0.76	0.96	0.96	0.98
보일러 순환펌프	0.0004	0.0004	0.02	0.09	0.19	-	-	-

가전기기 보급률(단위: 대/가구)(출처: 한국전력거래소, 가전기기 보급률 및 가정용 전력 소비 행태 조사).

었다. 흔히 말하는 거실 중심의 주거 공간 구조인 LDK[04]가 안방에 집중되어 있었다.

LDK는 일본식 영어 줄임말이며, 일본으로부터 한반도에 도입되었다. 하지만 어떻게 만들어졌는지 모르는 정체불명의 말이다. 다만, 일본도 한옥의 안방처럼 침실(D)과 식당(K)을 혼용해 사용했는데, 메이지유신 이후 서양의 주거 개념이 소개되고 1950년대 일본의 건설성과 일본주택공단이 공급한 임대아파트에서 식당과 부엌을 침실에서 분리하면서 만들어진 개념으로 추정한다. 즉 침실에서 우선 식당을 분리하고, 거실을 덧붙여 만든 개념이다.

일제강점기 영단주택[05]을 모체로 하는 대한주택공사가 1962년

04 LDK는 '거실(Living) + 식당(Dinning) + 부엌(Kitchen)'의 약자다. 앞에 숫자를 넣어 2LDK, 3LDK로 사용하는데, 숫자는 방(Room)의 개수를 나타낸다.

05 영단주택은 일본에서 서민 주택문제 해결을 위해 공급한 주택 유형이다. 일제강점기인 1941년에 총독부령으로 〈조선주택영단령〉이 제정되어 조선주택영단을 설립하면서 공급되었다. 조선주택영단은 해방 후까지 이어져 대한주택공사의 모체가 되었다.

마포아파트를 시작으로 아파트를 공급했다. 평면 모델은 10평 내외의 서민 주거였던 영단주택의 '갑·을·병·정·무' 5개 표준평면을 기준으로 했다. 또한 1971년 광주대단지 사건[06]을 기점으로 고급화된 아파트를 건설하기 시작했는데, 그 모델은 일본의 맨션과 하이츠였다. 정부가 아파트 도입 과정에서 일본주택공단의 모델을 일반화했을 가능성이 높다.

일본주택공단 표준설계의 기준이 되는 '51C형'은 일본 전통 가옥(和室) 풍을 담은 콘크리트 공동주택으로, 1951년 주생활 실태조사에 근거한 도쿄대학교 요시타케(吉武)연구실의 제안이었다. 핵심은 식당과 침실의 분리(食寢分離), 부부 방과 자녀 방의 분리 등 각 실의 독립성을 유지(프라이버시)하는 것으로, 당시로는 근대적인 생활 제안이었다. 요시타케연구실이 제안한 이 모델이 DK형이다.

거실(L)은 1965년 시작되어 1967년 LDK가 표준설계에 반영되기 시작했다. LDK 구조의 표준설계인 '67형'은 현재 3베이(Bay)로 불리는 한국 아파트의 전형과 비슷하다. 한국의 아파트 평면을 한옥 마당의 거실화로 설명하기도 하지만, 전형은 일본의 아파트라고 할 수 있다. 형식적 부분에서 우연의 일치라고 보는 것이 합리적이다. 어쩌면 일본 주거 공간과 유사성을 가지고 있었

06 1971년 8월 10일, 광주(현재 경기도 성남시)에서 시작된 빈민 항거운동이다. 광주대단지는 서울시의 철거민 정착지 조성을 위한 이주 정책으로 1968년 시작되었다. 하지만 서울시가 기반 시설조차 조성하지 않고 강제 이주시키고 천막, 판잣집 등의 열악한 빈민촌으로 방치하면서 반발이 시작되었다. 당시 서울시장이 사과했고, 이 사건을 계기로 성남시로 승격되었다.

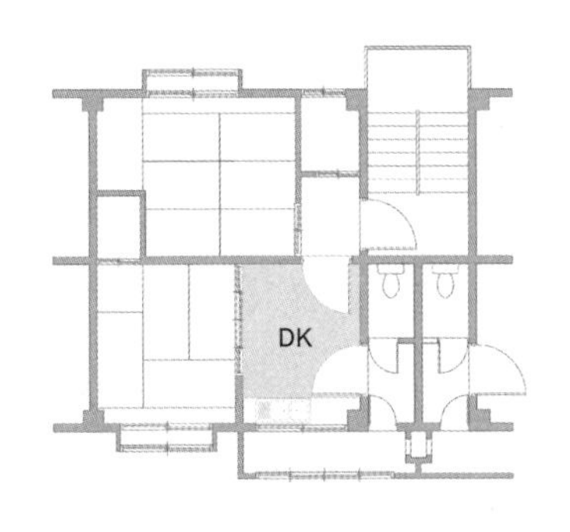

일본주택공단 표준설계 51C형(2DK).

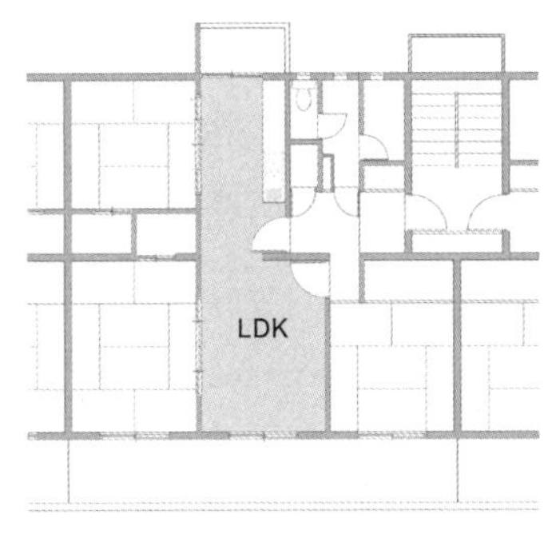

일본주택공단 표준설계 67형(3LDK).

던 것일지도 모른다.

전통 공간의 적응 과정은 일본이나 한국 모두 그 방향이 비슷했다. 위생을 위한 침실과 식당의 분리, 부엌·욕실·화장실 등 수 공간의 집중 배치, 거실 도입, 가사 노동의 편의를 위한 동선 축소 등이다. 하지만 한옥은 일옥과 큰 차이가 있어서 비슷하게 발달하지는 않았다. 한옥의 안방은 부엌과 하나로 구성되는 것이 특징이었다. 안방에서 진입할 수 있도록 했으며, 부엌 바닥을 지면보다 낮게 하고 상부에 다락을 만들었다. 부엌이 조리 공간인 동시에 난방 공간이라서 안방 구들 아래로 아궁이가 있어야 했기 때문이다. 따라서 안방과 부엌의 단차 문제를 해결하기 위해서는 계단을 만들거나, 다락을 철거해 바닥 높이를 맞추는 큰 공사가 필요했다. 침실, 거실, 식당, 부엌(조리, 난방) 등 공간의 기능적 세분화는 전면적 변화가 필요했고, 이 변화는 안방과 부엌의 변화에서 시작되어야만 했다(232~33쪽 참고).

한옥에서는 안방이 거실, 식당, 접객 등 공용 공간으로의 역할

대부분을 담당하고 있었다. 이는 여전히 가부장적 공간 구조인 안방 중심형이기 때문이었다. 더욱이 경기형 민가에서는 꺾임부에 안방이 자리하기 때문에 내부 공간의 이동 없이는 변화가 불가능했다. 또한 부엌의 입식화, 난방 방식의 변화, 수 공간의 내부화 등 모든 공용 공간을 내부화한 뒤에 이루어질 수밖에 없었다. 순차적 또는 전면적 증개축으로 가능했으므로, 적응 시점에서 일본과 차이가 났다.

성주신이 떠난 대청

안방에 놓였던 TV와 냉장고는 1990년대 전후로 대청에 놓이기 시작했다. 대청이 비일상적인 의례를 치르는 공간에서 점차 거실로 변화하는 때였다. 대청마루의 청(廳)은 중국어로는 큰방, 홀, 로비를 뜻한다. 손님을 맞이하는 공용 공간의 의미가 크다. 대청이 1990년대부터 한자의 뜻대로 변화하기 시작된 셈이다.

한옥에서 대청은 집에서 가장 높은 신인 성주신(城主神)을 모시는 공간이었고, 1986년 조사된 한옥 도면에는 "여름방"으로 기록되어 있다. 이때까지도 난방을 하지 않고 여름에만 한시적으로 사용하는 공간이었다는 말이다. 한옥의 대청마루는 난방 보일러가 도입되며 변화를 요구받았지만, 여름방을 유지했다. 도시한옥은 대청마루를 중심으로 양쪽에 날개처럼 펼쳐진 구조로, 여름방으로 유지된 대청마루가 바닥 난방의 단절 구간을 만들었다. 따라서 대청마루의 외기 구간을 통과하면서 난방 에너지를 소모하거나 양쪽 날개에 각각 보일러를 설치해야만 했는데, 후자를 선

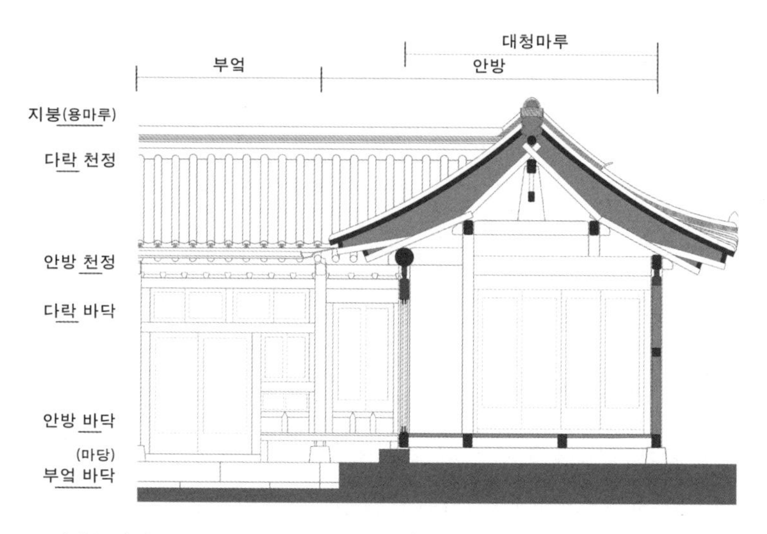

도시한옥 꺾임부(부엌/안방/대청) 입단면도.

택하는 경우가 많았다. 즉 보일러의 난방비와 설치비 등을 포함한 불편을 감수하면서까지 대청마루를 유지했다. 대청마루는 성주신이 있는 신줏단지가 사라진 뒤에도 여전히 관념적 공간으로 인식되었다고 할 수 있다. 건축물 중에서도 특히 주거는 이렇게 보수적으로 선택되는 경우가 많아서, 매우 느리게 변화하는 경향을 보인다.

1980년대에 TV, 전축(또는 오디오) 같은 미디어 매체의 보급은 가족 문화의 형태를 변화시켰다. 또한 가부장제가 약화되고, 대가족에서 핵가족으로 바뀌면서 가족 문화가 변화하기 시작했다. 가족 공간으로서 거실이 필요해졌고, 대청마루가 거실화되기 시작했다. 성주신 자리에 가족이 앉게 된 것이다. 대청마루가 거실화되는 현상은 공용 공간(거실, 부엌, 화장실, 욕실 등)을 집중시키고 방을 양쪽 끝으로 밀어냈으며, 거실 중심의 생활과 각 실의 연결을 원활하게 바꾸는 것으로 변화했다. 이는 공간 전체의 재편 과정이었고, 당시의 기술·문화·정책 등 사회 전반의 변화와 복잡하게 얽히며 이뤄졌다.

예를 들어 난방 설비의 변화는 아궁이를 사라지게 했고, 이에 따라 부엌을 입식화하거나 난방이 되지 않는 공간인 대청을 거실화하는 데 영향을 끼쳤다. 또한 상하수도와 냉장고는 반외부 공간이었던 부엌의 부속 시설들을 내부화했으며, 냉장고와 싱크대는 기존의 음식물이나 식기류의 보관 장소였던 광을 주방으로 통합해 하나의 공간으로 만드는 데 영향을 끼쳤다. 특히 1985년도에 가구당 1대씩 보급된 TV는 온 가족이 둘러앉아 시간을 보낼 수 있는 여건을 제공했으며, 이는 대청마루의 거실화로 나타났다. 이렇게 여러 요소가 도시한옥에 영향을 끼치며 공용 공간을 연결하고 거실을 확장함으로써 거실 중심 한옥의 적응태가 만들어졌다.

잇는 마당과 보는 마당

한양의 배치를 설명할 때 내사산(內四山)과 외사산(外四山)[07]을 빼고는 설명할 수 없었다. 한양은 고구려 때부터 내려온 산성 구조를

07 한양 도성을 둘러싼 4개의 산(백악산(현재 북악산), 낙타산(현재 낙산), 인왕산, 목멱산(현재 남산))을 내사산이라 하고, 한양 외부를 둘러싼 4개의 산(삼각산(현재 북한산), 용마산, 덕양산, 관악산)을 외사산이라 한다.

지니고 있었기 때문이다. 풍수지리 또한 산을 기반으로 한 명당을 찾는 것이 중요했다. 궁이 등지고 있는 주산과 마주 보고 있는 안산이 있고, 이를 둘러싼 여성이자 호랑이 같은 '백호'와 남성이자 용 같은 '청룡'이 있는 터를 명당으로 여겼다. 묘(무덤) 또한 봉분을 둘러싸고 날개처럼 생긴 선익(蟬翼)을 두고, 풍수지리 원리에 따라 봉분을 혈(穴)의 자리에 만들었다.

전통 가옥은 마당 뒤로 집에서 가장 위계가 높은 대청을 두고, 양옆으로 날개처럼 공간을 구성한다. 도성이나 묘의 풍수지리적 원리로 보면 전통 가옥의 마당은 혈의 자리라고 할 수 있다. 전통 가옥은 정형의 마당을 배치하고 주위로 공간을 배치하는 방식으로 설계되었다는 것에서도 마당의 중요성을 알 수 있다. 또한 '입 구(口)'처럼 생긴 전통 가옥은 마당에 수목을 심는 것을 꺼렸는데, '입 구(口)' 안에 '나무 목(木)'이 있으면 '빈곤할 곤(困)'이 된다고 생각했기 때문이다. 전근대 시기의 가옥에서 마당은 상징적으로 매우 중요한 공간이었다.

전통 가옥에서 마당은 곡식을 말리고, 빨래를 널고, 때로는 음식을 하는 작업 공간이었다. 또한 관혼상제라는 집안의 큰 행사가 이루어지는 예(禮)의 공간이었다. 즉 마당은 단순히 빈 공간이 아니었다. 하지만 도시화로 규모가 축소된 도시한옥은 그 형식은 양반 가옥을 지향했으나, 마당의 이런 기능을 담아낼 수 없었다. 다만 마당을 중심으로 배치된 개별 공간에 진입하기 위한 동선이 필요하기 때문에 유지되었다. 마당의 동선 기능을 제외하면, 기존 공간의 형식적 수용에 가깝다고 할 수 있다.

초기 도시한옥은 마당 한쪽에 콘크리트나 벽돌로 된 음식물 수납공간인 광과 수 공간인 욕실 및 부엌을 만들었다. 그 뒤 상수도와 냉장고, 싱크대 등이 도입되면서 화장실과 욕실 등으로 변용되었다. 하지만 마당의 '정형'은 여전히 고수되는 경우가 많았다. 마당에 대한 일상적·유교적·풍수지리적 인식은 소멸했지만, 한옥의 형식적 상징이라는 인식은 여전했다고 할 수 있다.

도시한옥의 마당은 욕실, 화장실, 부엌 등의 보완적 기능이 사라지면서 마당의 규모에 따라 화분이나 화단(텃밭)으로 가꿔지는 양상이 나타났다. 그리고 한옥 보존 정책과 지원사업이 시작된 2000년대 이후에는 마당에 잔디를 깔거나 데크를 설치하는 등 조경 공간으로 활용하는 경향에 적응했다. 이는 동선 체계의 중심 공간으로서 각 공간을 연결하는 기능(역할)을 했던 마당에서, 경관을 바라보는 마당으로 전환하는 적응 과정이었다. 그리고 이 과정에서 마당을 바라보고 이용하기 위해 대청 등 한옥의 전면 공간은 개방된 형태의 창호와 마루로 바뀌었다(234~35쪽 참조).

마당을 거실로 만든 마법

마당에서 바라본 도시한옥의 입면 구성, 특히 창호와 주련(柱聯) 같은 장식적 요소는 1986년 조사 자료에서만 해도 화려하고 다양한 방식을 취하고 있었다. 창호는 다양한 문양과 형태로 만들어졌고, 동식물을 새긴 유리를 끼워 화려함을 더하기도 했다. 그러나 2000년대에는 단아하거나 획일화된 장식으로 바뀌었다. 예전에 주련은 집주인의 세계관과 인생관을 보여 주는 것으로, 명

문을 담거나 직접 문구를 만들어 넣었다. 하지만 도시한옥의 주련은 '입춘대길'과 같은 관용어구로 형식화·장식화되었다. 주련은 2000년대 전까지는 방치된 채 유지되었고, 2000년대 증개축 과정에서는 철거되었으며, 한옥이 주목받기 시작한 2010년대에는 장식으로 쓰였다. 그뿐 아니라, 양반 가옥의 높은 격식을 강조하는 겹처마나 딱지소로[08] 같은 부재들을 장식적으로 만들었다. 이처럼 마당에서 바라보는 도시한옥의 전면부는 처음부터 집주인의 마음을 보여 주는 공간이자 과시적 공간으로 조성되었다.

하지만 도시의 변화에 따라 도시한옥은 경제적으로 열악한 가구의 주거 공간이 되었다. 욕실, 화장실, 거실 등 방 이외의 공간이 필요해지고 비좁은 공간에서 많은 사람이 살거나 셋집으로 공간을 사용하면서 열악함이 가중되었다. 따라서 과시적 공간으로서의 마당보다 기능적 공간으로서의 마당이 필요했다. 하지만 마당을 내부 공간화하는 일은 쉽지 않았다. 특히 입체적이고 복잡하게 만들어진 처마와 지붕에 새로운 구조물을 누수, 단열, 결로 같은 기술적 문제 없이 만드는 것은 무척 어려웠다. 한옥은 기와와 목구조가 규격화되어 있지 않고, 지붕 구조가 무겁고 내구성

08 '소로' 형태의 딱지 같은 목재로 된 장식이다. 소로는 상부의 구조 목재를 받쳐 구조를 보완하는 부재이고, 상부 부재에 맞춰 파여 있어서 '접시받침'으로 불리기도 한다. 사람 주먹보다 큰 정육면체에 가까운 목재로, 등 간격으로 배치되는 부재다. 소로는 이렇게 글로 설명하기 어려울 정도로 복잡한 부재로, 격식이 높은 양반 가옥에만 사용되었다. 신분제가 사라진 근대기 사람들은 신분 상승의 표현으로 소로를 원했다. 하지만 구조적으로 필요한 것이 아니었기 때문에 싸고 쉽게 만들 수 있는 딱지소로가 장식적으로 고안되었다.

이 낮으며 복잡한 형태로 이루어져 있다. 그래서 덧붙이는 증개축이 무척 어렵다. 무엇보다 경제적으로 열악한 가구에서 구할 수 있는 부자재와 기술이 절대적으로 필요했다. 도시한옥의 변화는 비교적 가볍고 튼튼한 알루미늄, 일조와 통풍의 조절이 가능한 유리(창호), 규격화된 창호, 내구성과 시공성이 좋은 콘크리트, 함석, 방수재 같은 재료의 개발과 건축 기술의 발달과 궤를 같이 했다.

한옥 지붕은 기본적으로 박공지붕[09]의 형상을 하고 있으며, 꺾임 부위가 생기는 특징이 있다. 따라서 지붕의 구조를 바꾸거나 덧붙여 구조물을 만들기가 어려웠다. 또한 마당으로 빗물이 모이는 구조라서 마당을 덮어 내부화하기 위해서는 시공 기술 및 재료가 필요했다. 방수, 단열 등의 기술 발달로 빗물 처리와 바닥 틈새 마감이 쉬워지면서 마당 전체의 공간화가 가능해졌다. 이에 따라 대문간이 내부화되어 현관으로 바뀌기도 했다(236~37쪽 참조).

특히 추운 겨울을 나기 위한 난방과 단열은 매우 중요한 문제였다. 한옥은 자연 환기와 자연 채광으로 기후에 대처해 왔고, 온돌방과 대청을 실로 구분해 여름과 겨울에 대처했다. 하지만 여름에 덥고 겨울에 추운 집이라는 것이 한옥에 대한 인식이었고, 이런 인식은 현재까지 이어진다. 도시한옥은 기둥 크기가 180×180mm 이내로 매우 작고, 목구조 가구로 분리되어 있어서 단열

09 八자형으로 널빤지를 맞대고 있는 형태의 지붕이다. 一자형 집에 추녀 없이 측벽에 지붕을 올려 중심에 용마루를 만든 한옥의 맞배지붕과 같다. 삼각형 형태의 지붕을 통칭한다.

을 하기가 어렵다. 또한 지면 위로 띄워 목재 바닥으로 마감한 마루는 바닥 난방 자체가 불가능하다. 그래서 "우리의 서민 주택은 외국의 그것보다 훨씬 수준이 얕아서 그 설비란 보잘것없지만 돈을 들이지 않고 또는 적은 돈으로 어떻게 하면 추운 겨울에 조금이라도 따뜻하게 지낼 수 있을까 하는 생각은 우리에게 절실한 문제"[10]라고 지적하며 스토브, 라디에이터, 벽난로 등을 설치할 것을 권장하기도 했다.

벽체에 스티로폼 등의 단열재를 넣어 집 자체의 보온을 추구한 것은 최근이다. 주로 한옥 지원사업 이후 전면적인 증개축이 이루어지는 2000년대의 일이다. 기존에 없던 재료가 벽의 구성에 도입되면서 벽 두께가 두꺼워지고, 기둥과 인방(기둥과 기둥 사이, 또는 문이나 창의 아래나 위로 가로지르는 나무) 등에서 단열재가 돌출되면서 새로운 벽과 지붕의 구성 방식이 만들어졌다. 단열재의 도입은 집 전체의 형태와 구조적 구성을 변화시킬 수밖에 없었고, 전통적인 벽과 지붕의 변화로 논쟁을 만들어 내기도 했다.

전통 한옥은 기와와 서까래(개판) 사이의 지붕 공간을 흙(적심)으로 채웠고, 과도한 하중으로 구조적 문제가 발생했다. 이미 조선시대 실학자들이 지적한 문제였지만, 단열과 방수, 결구부의 마찰력 강화 등을 이유로 한옥의 절대적인 특징이라고 주장되었다. 따라서 지붕에 단열재를 넣고 방수재를 덮어 가벼운 지붕을 만드는 것은 전통을 거스르는 태도로 받아들여졌다. 정부 지원은 한

10 〈住宅(주택)의 防寒(방한)과 保溫(보온)〉, 《동아일보》, 1960. 11. 22.

옥의 전통적인 기준에 따라 정해졌는데, 이런 전문가들의 인식이 기준이었다. 그래서 지붕 구조를 바꾸는 것은 한옥의 관리와 지속성 측면에서 절대적으로 필요했는데도 유지될 수밖에 없었다.

다른 하나는 지붕과 새로운 구조물 사이의 방수 문제였다. 철근콘크리트로 마당 전체의 내부화가 가능해졌으나, 빗물 처리와 옥상의 방수 문제 해결이 필요했다. 처마 하단에 구조물을 만들어 지붕에서 내려온 물을 옥상에서 받아 밖으로 흘려보내는 방식을 택했다. 하지만 목조 처마와 콘크리트 슬래브가 만나는 부분은 재료와 구조적 특성상 처리가 완벽할 수 없었다. 그래서 어느 정도의 결로와 누수를 감수하며 생활할 수밖에 없었다. 또 다른 방법으로는 기와지붕 위에 반원 형태의 구조물을 얹어 기존 물받이로 빗물을 흐르게 하는 것이었다. 비교적 가볍고 내구성이 강한 알루미늄 새시의 발달로 가능해졌고, 한옥 구조와 새 구조물 사이의 기술적 처리도 필요하지 않았다. 따라서 마당은 온전한 내부 공간이 아니라, 지붕만 덮은 반내부 공간으로 만들어졌다.

정리하면, 마당의 내부 공간화는 두 가지 양상으로 나타났다. 하나는 처마 하부에 콘크리트로 평지붕을 만들어 거실화하는 것이다. 한옥 전면부의 목구조와 창호 등이 없어지고 아파트처럼 벽지로 덮인 벽에 기성품 문이 달린 거실이 된다. 이 경우 더 열악해진 일조와 통풍 문제의 보완을 위해 천창을 설치하거나, 전면부 일부의 외부 공간을 남겨 놓는 양상을 보인다. 다른 하나는 반원형의 알루미늄 프레임에 투명 재질의 폴리카보네이트 등으로 넓은 베란다와 같은 내부 공간을 만드는 것이다. 기존의 목구조와 창호 등은 그대로 유지된다. 두 가지 모두 환경적인 측면에서 열악해지는데도 이러한 적응태를 만든 이유는, 내부 공간의 기능적 필요와 이에 따른 규모 확장의 필요 때문이었을 것이다.

물을 쓸 수 있게 된 집, 부엌과 뒷간

지금으로부터 100여 년 전에 이상적 부엌은 무엇이었을까? 재래식 부엌의 결점은 "부엌을 중요시하지 않는 연고이고, 밖으로만 다닐 수 있는 연고이고, 흙바닥이니 불결한 까닭이고, 부엌에는 식모만 사는 곳인 줄 아는 폐풍인 연고"였다. 그래서 "부엌은 꼭 방과 같이 만들어 방에서 그대로 통해 다닐 수 있고, 부엌 바닥은 마루로나 시멘트로 해서 신발이 필요 없도록 해야 하고, 부엌 안이 밝고 깨끗하고 방풍이 되어서 따뜻해야겠고, 간단한 기구가 있을 자리에 늘 규칙적으로 놓여 있어야 할 것, 그 집 식구면 누구나 부엌과 잘 사귀고 부엌에 대한 공부가 상당히 있어야 할 것"이었다.[11] 하지만 이 글이 쓰인 1935년 이후로 50여 년간 부엌의 결점은 개선되지 않고 유지되었다.

온돌 난방을 하는 아궁이가 있는 부엌은 단차와 흙바닥이 필연적이다. 개선을 위해서는 난방 방식을 바꾸거나 최소한 부엌에서 난방 기능을 분리해야만 했다. 또한 가족의 공유 공간이 되기 위해서는 조리 공간인 부엌과 식사 공간인 식당을 분리하거나 통합해야 했다. 무엇보다 조리, 설거지 등 부엌 공간에 필수적인 물

11 방신영(方信榮), 〈우리의 부엌과 마루를 이상적으로 고치자면〉, 《동아일보》, 1935. 1. 4.

을 사용할 수 없었기 때문에 물을 사용할 수 있는 외부 공간으로의 이동 동선이 불가피했다. 따라서 부엌을 방과 같이 만들더라도 가사 노동의 동선은 줄어들지 않았다. 당시 상수도는 일부 지역에 한정적으로 공급되었으며, 일본인 지역과 조선인 부유층 거주 지역 중심으로 공급되었다. 물론 상수도가 보편적으로 보급된 뒤에도 부엌에서 물을 사용한 것은 한참 뒤였다.

한옥에서 가장 일찍 그리고 가장 많이 개선을 요구받은 것은 부엌이다. 그런데도 부엌의 변화가 늦은 이유는 필요가 없었거나 기술적인 문제였다기보다, 고착된 유교적 가부장 문화 때문이었다. 일제강점기에는 위생과 유교적 가부장 문화를 타파하는 생활개선운동으로 부엌 개선이 주장되었고, 해방 후에도 비슷한 주장이 계속되었다. 특히 1960년대 군사독재정권은 능률화와 표준화를 명분으로 한 부엌 개량을 주장했다. 하지만 정부는 '국민운동본부 부녀과(식생활 개선 센터)'를 만들어 시범 부엌을 홍보했을 정도로 부엌을 여성과 주부의 공간으로 설정했다. 남성 중심의 군부가 만들어 낸 정책이니 당연한 일인지 모르지만, 일제강점기 주장과 다르지 않았다.

변화의 시작은 1966년 연탄파동 이후로, 이때부터 석유곤로가 조리를 위한 화구가 되면서 조리와 난방이 분리되었다. 1960년대 정부가 표준화한 부엌에도 아궁이는 여전히 유지되었고, 입식부엌은 일반화되지 않았다. 일반화는 1970년대 보급률 60%를 넘긴 상수도와 대량으로 공급된 아파트의 고급화 수단으로 입식 부엌이 설치되면서부터다. 연탄보일러를 시작으로 난방 방식이 변

부엌과 다락 입면(성북구 보문동5가(1986)).

부엌과 다락 입면(종로구 가회동(1986)).

부엌 입면(성북구 안암동(2006)).

초기 아궁이 부엌(성북구 안암동(2006)).

개량 부엌(종로구 가회동(1986)).

싱크대와 주방(종로구 필운동(2006)).

화했고, 이에 따라 방과 부엌의 단차를 없앨 가능성이 열렸다. 연탄보일러는 따뜻하게 데운 물을 바닥에 깔린 파이프로 순환시킨다. 물을 사용할 수 있는 공간을 내부화할 수 있다는 의미였다. 그런데도 방과의 단차는 대체로 유지되었고, 물을 사용하는 공간은 내부화되지 않았다.

그러다 찬장과 찬마루, 냉장고 같은 수납 공간과 조리 공간이 독립적으로 확보되기 시작했고, 이것들을 통합한 싱크대가 도입되면서 개수대와 화구가 일반화되기 시작했다. 방과의 단차가 사라지고 식당이 침실과 분리되는 것은 이보다 늦은 1990년대에 시작되었다. 그러면서 고정될 수밖에 없었던 부엌의 위치가 자유로워졌고, 이는 한옥의 공간 구조로까지 영향을 끼치며 변화가 시작되었다.

특히 부엌은 물을 사용하는 공간인 화장실이나 욕실과 통합되는 방식으로 공간 구조 재편 경향에 적응했다. 화장실은 한옥이 도시화되면서 본체의 일부로 만들어졌다. 그러나 오로지 기능적 공간으로서, 최대한 문간채 가까이에 작게 만들어졌다. 왜냐하면 분뇨를 처리하기 위해서는 길에서 가까워야 하고 위생 문제를 고려해야 했기 때문이다. 수세식 화장실이 도입되면서 광이 있던 공간에 화장실이 만들어지기 시작했으며, 화장실과 욕실의 겸용이 일반화되었다. 당연히 그때까지 도시한옥에 욕실 개념은 없었다.

공간을 가구로 전환하기

한옥이 도시화하면서 생긴 가장 심각한 문제는 수납공간의 부족이었다. 왜냐하면 가옥의 절반에 가까운 헛간, 광 등의 수납공간을 제외하고, 대청마루와 부엌 그리고 방으로 구성된 기본 구조만으로 한옥을 지었기 때문이다. 농사를 짓거나 가축을 키우지 않았도 되었으니, 공간 줄이기는 가능했다. 그러나 수납공간을 비롯해 주거 공간도 축소했기 때문에 수납 문제는 심각할 수밖에 없었다.

초기 도시한옥은 마당 한편에 광 같은 수납공간을 지었다. 여기에 식자재를 보관하거나 장독을 놓았다. 찬장, 싱크대, 냉장고와 가전제품이 도입되면서 마당에 있던 광의 역할은 축소되었다. 특히 부엌에 수도가 설치되면서 광은 욕실과 화장실로 바뀌었다.

1970년대의 고급 아파트에 일본의 스테인리스 싱크대 회사와 기술제휴로 '블록키친'이 도입되었다. 블록키친은 싱크대, 조리대, 가스대 등을 종합한 것이다. 싱크대는 기성품이 되었고, 정부 주도로 대규모 아파트에 공급되었다. 하지만 한옥에 싱크대 등이 들어선 개량 부엌을 만들 수는 없었다. 한옥에는 구들 구조가 만든 단차와 밖(마당)에서 별도로 부엌에 진입해야 하는 문제가 있어서 서구식 부엌의 도입은 매우 어려웠다. 그래서 우선 식기류를 보관하던 헛간(광)은 찬장이 그 기능을 대체했고, 식자재를 보관하던 광은 냉장고로 대체되었다. 그러다 난방이 구들에서 보일러로 바뀌면서 단차가 필요 없어졌고, 비로소 난방과 조리 화구가 분리되었다. 그리고 이는 조리대(가스대)에 대한 요구로 이어졌다. 부엌의 조리를 보완하던 마당과 광 인근의 수돗가(또는 우물 등 수 공간)는 내부화되어 개수대가 되었다. 한옥의 부엌은 당시 사회적 흐름과 도시 인프라, 새로운 가구와 가전제품 등의 개발이 종합적으로 만들어 낸 결과라고 할 수 있다.

물론 한옥 부엌을 아파트 부엌과 같이 표준화된 형태로 만들 수는 없었다. 부엌 바닥과 방의 높이를 맞추느라 다락을 철거할 수밖에 없었고, 꺾임부에서 안방과 연결된 부엌은 대청을 포함한 내부 공간과 연결하는 것이 불가능했다. 부엌에서 안방을 통해 대청 등 다른 공간과 연결해야 했으므로, 부엌을 대청(거실)과 붙여 공용 공간으로 만들었다. 따라서 부엌의 적응 유형은 부엌 자리의 유지, 안방 자리로 부엌 이동, 대청 자리로 부엌 이동 등 다양한 배치 유형으로 나타났다. 이는 거실, 식당, 화장실 등의 공용 공간을 집중시켜 각 방(공간)을 연결하려는 공간구성 측면과 부엌, 화장실, 욕실 등 물을 사용하는 공간을 집중시켜 상하수도의 기능적 측면을 해결하기 위한 적응 과정이었다.

현대적 생활 수용을 위한 수납공간 확장

전근대 시대 전통 가옥의 내부에는 수납공간이 거의 존재하지 않았다. 벽면에서 처마 밑으로 만든 반침과 부엌 상부에 만든 다락 정도가 전부였다. 특히 조선시대에는 검약한 삶을 강조하고 경제적 여유가 없었기 때문에 가재도구 또한 많지 않았다. 전통 가옥에 있던 전통 가구를 생각하면 쉽게 알 수 있다.

전통 가구에는 빗·빗솔 등 머리단장용 기구와 거울이 있는 가로세로 30cm 안팎의 경대(빗접), 문서·돈·장신구 등 귀한 물건을 보관하는 가로세로 50cm 안팎의 각개수리, 진열대·선반·좌

주택 마당 증축 수납공간(서울시 종로구 체부동(2006)).

문간채 (초기)화장실(서울시 성북구 안암동(2006)).

주택 마당 증축 수납공간(서울시 성북구 안암동(2006)).

처마 하부 공간의 화장실 및 욕실(서울시 종로구 가회동(2009)).

식 책상으로 이루어진 가로 80cm 안팎의 문갑, 하부에 옷을 수납하고 상부에 이불을 쌓아 놓는 가로세로 80cm 안팎의 반닫이, 이불·옷 등을 넣어 두는 가로 80cm 안팎에 사람 키 정도 높이의 (장)농이 있었다. (장)농을 빼고는 비교적 크기가 작은 가구들이었다. 고정형 가구는 없었다. 병풍, 족자 같은 장식품도 고정된 형태로 만들지 않았다. 물론 이런 가구나 장식품은 양반 가옥에 한정된 것이었고, 일반 민가는 더 검소한 가구로 채워졌다.

도시한옥은 한옥이 도시화되는 과정에서 최소한의 필지에 최소한의 규모로 지어졌다. 주 칸의 폭이 7~9자(2,100~2,700mm)로 매우 좁았고, 깊이 600mm 안팎의 가구를 놓는 것조차 어려웠다. 더구나 생활 방식의 변화에 따라 신발이나 의복 등을 포함한 가재도구가 늘어나서, 수납공간은 부족할 수밖에 없었다. 따라서 도시한옥은 초기부터 수납공간이 부족했고, 바깥 처마 하단을 내부화해 적응한 형태가 일반화되었다. 아파트의 베란다를 확장해 수납공간으로 활용하는 것과 비슷하다. 처마 밑은 지붕이 덮여 있어서 벽만 만들면 되었다. 또한 도시한옥은 주변 건물과 처마가 맞닿을 정도로 만들어져서 창호를 통한 일조나 환기 등이 어려웠다. 그래서 수납공간을 만드는 데 이 공간을 쉽게 선택했을 것이다. 다만, 도로 등의 외부 공간과 직접적으로 만나는 처마 하부 공간은 상부에 창호를 구성하거나 공간 자체를 확장하는 방향으로 수납공간을 만드는 경우가 많았다(238~39쪽 참조).

특히 대문이 있는 전면부 처마 하부 공간에는 외부에서 직접 진입하는 문을 달고 문간방에 부엌이나 화장실을 넣어 셋집을 만

대청 처마 하부 공간의 책장(서울시 동대문구 제기동(2012)).

대청 처마 하부 공간의 싱크대(서울시 성북구 안암동(2006)).

안방 처마 하부 공간의 수납장(서울시 성북구 성북동(2012)).

안방 처마 하부 공간의 장농(서울시 동대문구 제기동(2012)).

들기도 했다. 초기 도시한옥은 한 가족의 주택으로 지어졌으나, 심각한 주택난으로 방마다 한 가구가 살림을 꾸리기도 했다. 도시한옥은 점점 경제적으로 열악한 가구의 거주 공간이 되었고, 처마 하부로의 확장은 필연적이었다(240~41쪽 참조).

하지만 확장된 공간에 무엇을 수납하고, 어떤 가구를 만들지는 또 다른 문제였을 것이다. 도시한옥의 처마 폭은 60cm 안팎으로 매우 짧은 편이지만, 가구 등 수납공간을 만들기에는 적절했다.

보통 이불장, 옷장, 싱크대 등은 폭이 60cm 안팎이었다. 확장된 처마 하부 공간에 서재, 싱크대, 벽장, 장롱 등을 붙박이로 만들어 넣는 것은 일반적인 적응태였다.

기와지붕 대신 간판을 얹은 집

한옥이 한옥이기 위해서 하나의 요소만을 남긴다면, 그것은 기와지붕일 것이다. 기와는 만들기 어렵고 지붕에 설치하기도 매우 힘들다. 특히 팔작지붕, 우진작지붕, 맞배지붕 순으로 지붕 모양이 복잡할수록 어렵다. 기와는 조선시대 일반 백성은 엄두조차 내지 못하는 재료였다. 조선이 일제강점기로 이어지지 않았다면, 기와지붕은 한옥의 특징 요소로 선택받지 못했을지도 모른다.

일제강점기 지붕 재료로서 기와는 기술적·기능적·비용적으로 최선은 아니었다. 그럼에도 기와는 '신분 상승의 욕망'과 '조선인으로서의 정체성 표출'을 이유로 선택되었다. 1920년부터 시작되어 1930년대에 대량으로 개발된 도시한옥은 기와집으로 지어졌고, 그 뒤 기와집은 한옥의 일반적인 유형이 되었다. 이렇게 자랑스러운(?) 기와지붕인데, 상업화는 이런 기와지붕마저 간판으로 덮었다.

조선시대 종로 시전(市廛)은 나라에서 운영하는 공전(公廛)이었다. 조선 정부가 지어 상인들에게 제공한 한옥 상가는 3m 안팎의 기둥 사이로 품목별 상점이 늘어선 행랑 구조였다. 따라서 간판은 그리 중요하지 않았다. 다만 상가의 특성상 물품을 판매·보관하는 넓은 공간이 필요했기 때문에 건물의 측면 폭이 비교적 넓었고, 다락을 설치할 수 있도록 층고가 높았다.

일제강점기에 상업화가 빨라지면서 제한된 공간에서 효율을 높일 수 있는 고민, 즉 공간의 밀도에 대한 고민이 시작되었다. 그렇게 2층 상가 한옥이 만들어지면서 간판이 내걸리기 시작했다. 종로, 명동 등 상업적으로 발달한 가로와 조선총독부 및 주요 관사들이 있는 서촌 지역 가로를 중심으로 2층 상가 한옥이 만들어졌다. 2층 상가 한옥은 특수한 유형으로, 당시에는 흔한 건축물이 아니었다. 1930년대 초까지 개별적으로 지어지던 2층 상가 한옥은 1936년 〈조선시가지계획령〉으로 조성된 돈암지구 대로변에 대량으로 지어졌고, 몇 채는 여전히 남아 있다.

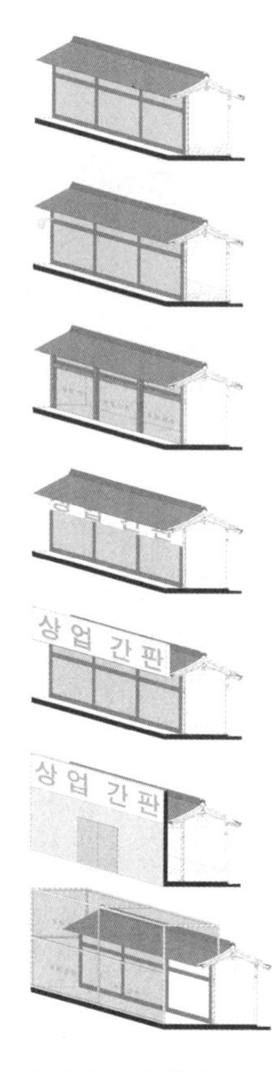

한옥의 상업적 변용 유형.

돈암지구에 지어진 2층 상가 한옥은 도시 한옥의 일반적 유형인 ㄷ자형이었고, 전면의 一자 부분을 2층으로 지었다. 종로 등지에 있는 화방벽으로 된 측벽을 가진 조적조, 一자형 2층 상가 한옥과는 차이가 있었다. 돈암지구 2층 상가 한옥은 대체로 1층에 상가, 2층에 창고, 후면부 단층 ㄴ자 구조에 주거 공간을 두는 유형이었다. 한반도 최초의 근대적 도시계획으로 조성된 돈암지구는 상업가로, 시장, 공원, 학교 등의 구역을 지정했다. 그래서 현재의 서울시 성북구 돈암동에서 동대문구 신설동을 연

1900년대 종로 한옥 상가(출처: 《20세기 서울 도시변천 사진집》, 서울시정개발연구원, 2001).

1930년대 종로 2층 한옥 상가(출처: 《20세기 서울 도시변천 사진집》, 서울시정개발연구원, 2001).

1930년대 보문동 2층 한옥 상가 단면.

보문동 2층 한옥 상가(2012).

보문동 2층 한옥 상가(2021).

결하는 보문로 가로에 건설되었다.

간판으로 뒤덮인 한옥의 지금 모습 대부분은 1985년 개정한 다가구법으로 가능했다. 다가구법은 도시한옥의 공간을 분리해 가구 수 늘리는 것을 쉽게 했을 뿐 아니라, 주거지 내 상가를 허용했다. 1985년 3월에 발표된 〈건축법시행령중개정령안〉은 "점포와 대중음식점 및 다방 등이 복합되어 바닥 면적의 합계가 500제곱미터 이상이 될 경우 점포의 면적과 관계없이 판매 시설로 분류하여 주거 지역 등에 건축할 수 없도록 하던 것을 점포의 면적이 200제곱미터 이상이고, 바닥 면적의 합계가 500제곱미터 이상이 될 경우에만 판매시설로 분류하였음"이라는 개정 내용을 담고 있다.

도시한옥은 단층이고 전용주거지역에 지어졌기 때문에, 주거지 내 상가는 한옥 주거지에 큰 변화를 가져왔다. 특히 차량이 이동할 수 있는 도로 폭을 가진 주거지 내 가로가 상업가로로 변화하면서, 가로 경관은 상업 경관으로 바뀌었다. 그러나 암·수키와를 얹어 만든 한옥의 기와지붕은 골이 나 있어서 간판을 세우기가 쉽지 않았다. 그래서 벽과 창호에 간판을 걸다가 처마 하단에 간판을 붙이기 시작했다. 비교적 층고가 낮은 도시한옥의 특성상 불편함이 많았을 것이다. 점차 지붕 위에 간판을 얹는 형태로 발전했고, 독립된 구조물 형태로도 만들어졌다. 그 뒤 상점의 규모가 커지면서 간판은 도시한옥 공간 전체로 확장되었고, 전면부 벽체를 조적조·콘크리트·철골 등으로 만들어 간판과 통합하는 형태가 나타났다. 따라서 건물의 정면에서는 한옥인지를 알아볼 수 없다(242~43쪽 참조).

기둥을 잘라 낸 한옥

한옥의 상업화 과정은 전면부 공간과 입면을 바꾸는 것에서 시작되었다. 하지만 상업 공간이 커지면서 한옥은 한계에 도달했다. 도시한옥 공간은 크게 잡아도 기둥으로 둘러싸인 가로 3m, 세로 3m, 높이 3m 규모라서 한계가 명확했다. 특히 도매업을 하는 상업 공간은 차량이 진입할 수 있는 규모가 필요했고, 그래서 도매업 시장 지역에서는 기둥을 잘라내기 시작했다. 하지만 기둥 제거에는 무거운 지붕 구조를 받칠 수 있는 구조재와 기술이 필요했다.

기둥을 잘라 내 공간을 확장하는 데는 철골구조가 이용되었다. 철골구조는 가구식 구조인데다 비교적 크기가 작고 성능이 좋다. 무엇보다 높이 조절이 쉬워서 선택되었을 것이다. 철골구조를 이용한 도시한옥의 공간 확장은 지붕을 받치는 지지대를 세우고, 기둥을 잘라 낸 뒤 철골빔으로 지붕 구조를 지지하는 방식으로 이루어진다. 이 방식은 한옥의 구조적 특성에 대한 이해와 정밀한 시공 능력이 필요했을 것이고, 많은 시행착오가 있었을 것이다. 그런데도 대공간에 대한 필요는 이런 시행착오를 감수하면서까지 도시한옥의 철골 증개축 기술을 발달시켰다.

옆의 사진들은 서울시 동대문구 제기동 경동시장의 도시한옥 철골 증개축 사례다. 이곳은 ㄷ자형 도시한옥 두 채를 증개축하는 현장이었고, 조사 당시 목구조 부분만을 남기고 모두가 헐린 상태였다. 조사 당시 현장 담당자가 이 지역의 다른 현장들을 소

철골 확장 사례 1 / 전경 사진(서울시 동대문구 제기동(2012)).

철골 확장 사례 1 / 세부 사진(서울시 동대문구 제기동(2012)).

철골 확장 사례 2 / 전경 사진(서울시 동대문구 제기동(2012)).

철골 확장 사례 2 / 세부 사진(서울시 동대문구 제기동(2012)).

개할 정도로, 철골 증개축 방식은 지역에 특화된 사업이자 기술이었다.

땅속과 지붕 속 공간

한옥의 대유행은 북촌에서 시작되었다고 해도 지나치지 않다. 2000년대 초에 시작되어 2010년대에 절정에 이르렀다. 북촌이 열악한 주거지에서 부유층의 별장이나 상가 등으로 변하면서 유명한 관광지가 되었고, 집값과 지가는 천정부지로 올랐다. 한옥

서울시 동대문구 제기동 / 1960년대 도시한옥

철골 상세 사진(2012).

A·B 청과물 도매상가로 사용되는 도시한옥으로, 청과물의 상하차를 위해 트럭이 나 리어커 등의 출입이 편해야 하므로 전체 공간을 통합해 사용하고 있다. 마당은 지붕을 덮고, 내부 기둥을 철골보를 사용해 대부분 제거해 대공간을 만들었다.

C 철골보는 기둥의 사궤 하단을 잘라 받치는 방식으로 시공된다. 청량리 시장 지역에서 일반적으로 나타나는 방식이다. 기둥의 사케와 도리 하단에 철골보를 설치하고 양단에 철골 기둥을 세우는 방식으로 체계화되었으나, 사례의 경우 철골과 목제를 섞어 시공했다. 대공간화의 초기 유형으로 보인다.

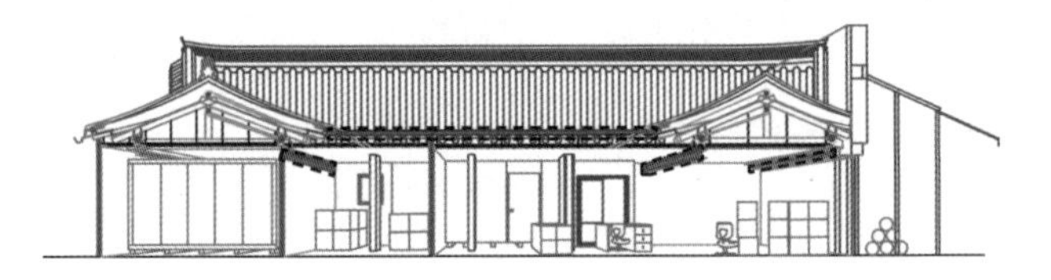

단면 투시도 (2012). 점선 부분은 철골로 설치한 구조물이고, 기둥을 없애 대공간을 만드는 방식이다. 기와지붕은 온전히 유지되고 있으나, 간판과 구조물 때문에 도로에서 한옥 경관을 보기는 어렵다.

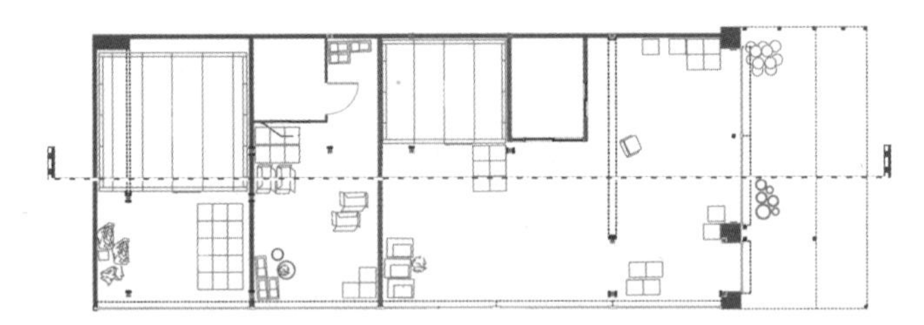

평면도(2012).

을 향한 관심은 일부 학계에서 1980년대부터 시작되었고, 이런 관심은 1990년대 북촌과 인사동 지역에 대한 조사 연구와 보존 정책으로 이어졌다. 한옥을 정의해 법제화했고, 서울시는 한옥선언을 발표했다. 바야흐로 한옥 대유행의 시작이라고 할 수 있다. 북촌은 공적자금 수백억 원이 투입된 이 보존 정책으로 개발을 막아 한옥 보존에 성공했지만, 기존 주민을 보호하고 안정적인 주거지를 확보하는 데는 실패했다.

한옥 보존 정책과 한옥 지원 사업은 원형의 배치 및 외형 유지를 기본으로 한다. 하지만 도시한옥은 필지가 작은 데다 단층이라서 공간 규모가 매우 작다. 더구나 일반 주택에 비해 공사의 난도가 높고 공사비도 많이 든다. 공간의 입체적인 개발이 필요했고, 자연스럽게 땅속과 지붕으로 관심이 쏠렸다.

도시한옥의 기존 다락은 부엌과 안방의 단차를 이용해 부엌의 상부에 만들어졌다. 그 밖의 방에서는 도리 상부에 천정을 설치해 다락처럼 사용했다. 도시한옥의 입식화 과정에서 다락은 철거되었다가, 입체적인 공간 개발 과정에서 다시 만들어졌다. 부엌 상부가 아니라 필요한 곳곳에 만들어졌으며, 수납공간뿐 아니라 다락방으로 적극 사용되었다. 또한 천정을 설치하지 않고 서까래 등을 노출해 높은 층고의 공간을 만들었다(244~45쪽 참조).

도시한옥의 지하는 비교적 넓은 공간을 확보할 수 있는 유일한 곳이었다. 하지만 주변으로 인접한 주택이 있고 차량 진입이 어려운 지역 조건상 지하 공사는 매우 어려웠다. 기존 목구조의 공간 틀 안에서 계단실을 만드는 것도 어려웠다.

북촌이나 서촌 등의 한옥 주거지는 대체로 구릉지다. 이러한 지형적 조건을 이용해 외기와 면하는 지하 공간을 만들고 처마 하부나 툇칸을 이용해 직선형 계단을 만들었다. 계단은 계단실 이외에도 이동하는 동선이 필요하고, 직선형이 아니라면 계단참을 만들어야 해서 기둥으로 둘러싸인 칸에 구성하기는 어려웠을 것이다(246~47쪽 참조).

건축(한옥)은 사용을 위해 존재한다

고려청자와 조선백자는 항온항습이 완벽하게 이루어지는 튼튼한 유리 상자 안에서 보존된다. 고려청자와 조선백자는 색상, 형태, 문양이라는 시각적 기준으로 가치가 결정된다. 따라서 만들어진 그대로의 형상을 유지할 때 가치가 있다. 원형이 중요한 것이다.

한국의 문화재는 고려청자나 조선백자와 같이 원형 보존을 원칙으로 한다. 그렇다면 건축물의 원형 보존은 가능할까? 경복궁 복원 사례를 보자. 경복궁은 1395년 창건되어 1592년 임진왜란으로 전소되었다가, 1868년 흥선대원군의 주도로 중건되었다. 일제강점기에는 일제가 경복궁 안에 조선총독부를 건설하면서 전각이 훼철되고 광화문이 이전되는 등 변화를 겪었다. 그 뒤 박정희 정권이 콘크리트로 광화문을 복원하고 김영삼 정권이 중앙청(조선총독부)을 철거하면서 전각들이 복원·조성되었다. 경복궁은 목재나 기와 같은 재료부터 구법, 구조에 이르기까지 여러 시대의 문화가 뒤섞여 있다. 게다가 조선 초의 축조 기술과 문화는 고

(위)서촌 체부동의 1930년대 전후 도시한옥(2007))과 (아래)청량리지구 제기동의 1960년대 말 도시한옥(2012). 지붕 용마루를 따라 지붕선을 그려 보면 두 지역의 한옥에서 큰 차이를 발견할 수 있다. 청량리 지역의 한옥은 ㄷ자형으로 유형화되어 필지의 규모, 지붕의 높이와 형상 등이 비교적 통일되어 있다. 이에 비해 서촌 지역의 한옥은 모든 한옥의 지붕 형상이 다르고, ㄱ, ㅡ자형으로 다양하게 결합되어 있다. 또한 지붕의 끝이 맞배지붕이 아니라 우진각으로 되어 있는 것도 특이하다. 1960년대 말 청량리지구는 대부분 ㄷ자형으로 건설되고, ㄷ자형의 양쪽 지붕 끝은 맞배지붕으로 이루어진다. 단순한 지붕의 형태적 변화지만, ㄷ자형으로 적응하는 데 적어도 수십 년 이상이 걸렸다고 할 수 있다.

려에서 이어진 것이니, 경복궁에는 더욱 복잡한 문화가 뒤섞여 있다고 봐야 한다.

그렇다면 건축물에서 원형이란 무엇일까? 건축물은 고려청자나 조선백자와 같이 관상용으로 지어지지 않는다. 건축물은 '사용'이 존재의 근거다. 시민들의 사용으로 쌓인 문화에 가치가 있다. 문화재라 하더라도 마루와 방전뿐 아니라 목재까지 계속해서 바뀔 수밖에 없으며, 시민들의 사용으로 노후된다면 새롭게 바꾸면 된다. 자연 상태에서도 부후(腐朽)하는 목구조의 특성상 이것이 건축물을 더 안전하게 지킬 방법이기도 하다.

대부분의 문화재 건축물은 조선시대 왕가와 사대부가, 유명 인사와 관련한 공간에 집중되고, 박제화하는 방식으로 보존된다. 이는 조선시대에 절대다수를 차지했던 백성들의 집에 관한 연구나 보존, 문화의 집적체로서 집에 관한 관심이 없다는 방증이다. 이런 의미에서 북촌과 같이 주거지를 지역 단위로 보존하는 것은 큰 발전이라 할 수 있다. 하지만 앞에서 살펴본 것처럼, 북촌은 거주자의 생활이 아니라 한옥이라는 형식을 지키는 것에 집중했다. 조선시대에도 백성들의 삶과 집에 관심이 없었지만, 지금도 시민들의 삶과 집에 관심이 없기는 마찬가지다.

조선시대에는 백성들의 집에 관심을 두지 않았고, 일제강점기에는 개발업자들에 의해 도시한옥이 대량 개발되었다. 해방 후 정부 주도로 아파트(단지)가 공급되면서 주거가 획일화되었고, 한옥은 전통 이데올로기로 활용되었다. 한옥은 돈 없이는 서비스를 제공하지 않는 건축으로부터 외면당했고, 전통과 민족을 앞세워 정통성과 권력을 유지하려는 이들의 수단으로 전락했다. 하지만 이 와중에도 한옥에 거주하고 한옥을 사용하는 사람들은 필사적으로 변화에 적응하며 새로운 한옥을 만들었다. 한옥에 복도와 거실과 같은 새로운 공간을 만들었고, 한옥을 셋집과 상점으로 바꿔 사용했다. 다락과 지하실을 만들고 마당을 정원으로 바꾸었다. 심지어 기둥을 잘라 내고 철골로 보강해 대공간을 만들었다.

이렇게 만들어진 한옥 적응태가 미학적·건축적·경관적으로 완벽한 것은 아니다. 적응태는 정답이나 고정불변의 법칙이 아니다. 그것은 한옥에서 살아 온 사람들의 치열한 삶과 문화가 축적된 역사의 한 단면이고, 더 나은 공간이 되기 위한 발판이다. 기와가 덮인 팔작지붕이 아니더라도, 이것이 한옥이고 전통이다.

서울시 종로구 가회동 / 1930년대 도시한옥

‘한옥의 패러다임을 바꾼 복도와 현관’ 사례

사진(1986).

A 부엌과 다락으로 만들어진 입면을 유지하고 있으며, 반칸 돌출된 안방 부분과 기단 등 대부분을 유지한 채,

B 툇마루와 쪽마루 등을 활용해 공간을 연결하고 있다.

C 대문에서 마당 방향의 사진으로 대문간과 마당 사이에 중문이 설치되어 있다. 대문간 문간방은 대문간에서 직접 진입할 수 있도록 했는데, 이는 셋집으로 사용하며 만들어진 공간구성이다.

D (화살표 부분)툇마루 형식으로 구성된 복도다. 툇마루를 통해 바깥채와 잇고 있으며, 안채와 바깥채의 사이 공간을 증축해 화장실과 복도로 구성하고 있다.

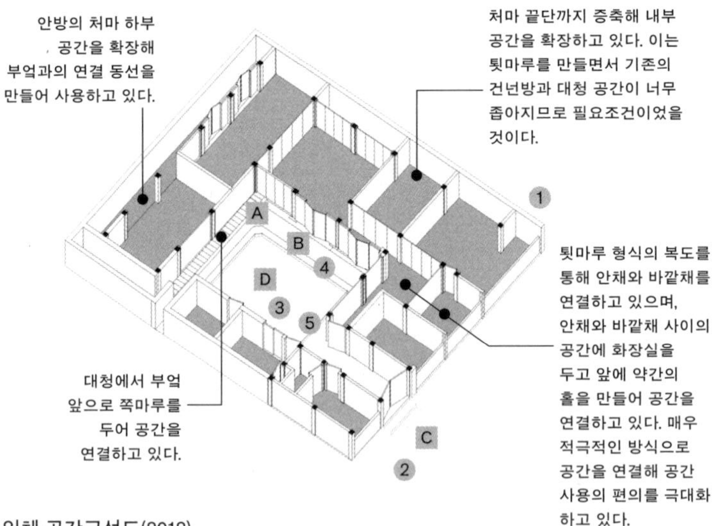

입체 공간구성도(2012).

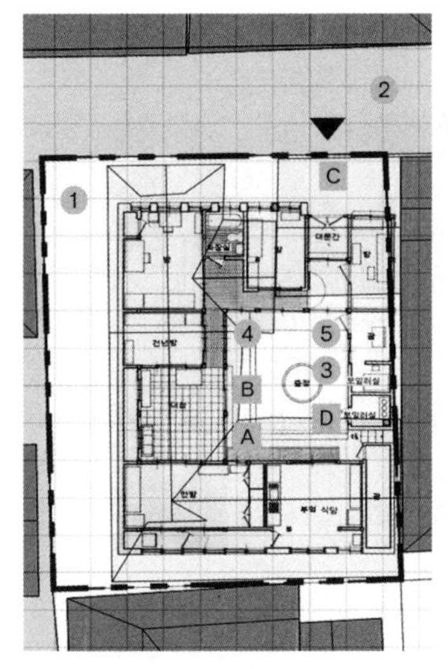

배치도(1986).

사진(1990년대).

1 사진은 도로에 면한 외벽이다. 처마 끝까지 증축해 사용하고 있으며, 담장을 이용해 증축했다.

2 대문 부분을 제외하고는 전체 목구조를 덮어 최대한 증축했다.

3 마당에 콘크리트로 지은 증축 공간.

4 마당에서 거실을 바라본 사진으로, 마당 방향으로 새시로 창호를 만들어 확장했다.

5 마당에서 대문간으로 본 사진으로, 목구조와 회벽 부분을 타일로 마감해 증개축했다. 1986년까지 목구조 등의 한옥 구조를 유지하고 있었으나, 1990년대에 전체적인 증개축을 통해 만든 것으로 보인다.

서울시 동대문구 제기동 / 1960년대 도시한옥

‘안방의 변신’ 사례

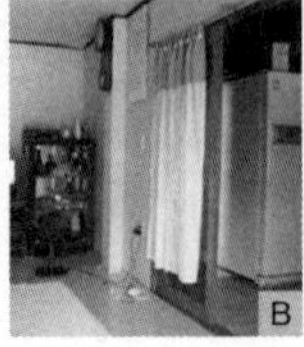

내부 사진(2006).

A 처마 하부 공간을 확장해 화장실과 욕실을 만들었다. 외부에 화장실이 있으나 주로 실내에 설치된 화장실을 이용하고 있다.

B 안방은 기둥 뒤쪽으로 처마 하부를 증축해 넓은 침실 공간을 확보하고 있다. 침실 공간은 초기 부엌의 자리에 조성했다.

C 처마 하부를 확장해 만든 화장실로 연결되는 두 개의 문 중 하나는 폐쇄되어 주방의 세탁기 뒤편에 있다. 현재 화장실 및 욕실은 이전에 수납공간으로 사용되었을 가능성이 높으며, 주방을 만들면서 조성되었을 것이다.

D 천장면에 원래 벽이 있었던 흔적만 있다. 지어질 당시 2칸 대청마루와 건넌방을 연결해 넓은 거실 공간을 만들어 사용하고 있다. 거실 뒷쪽 처마 하부 공간에 수납장을 설치해 사용하고 있다.

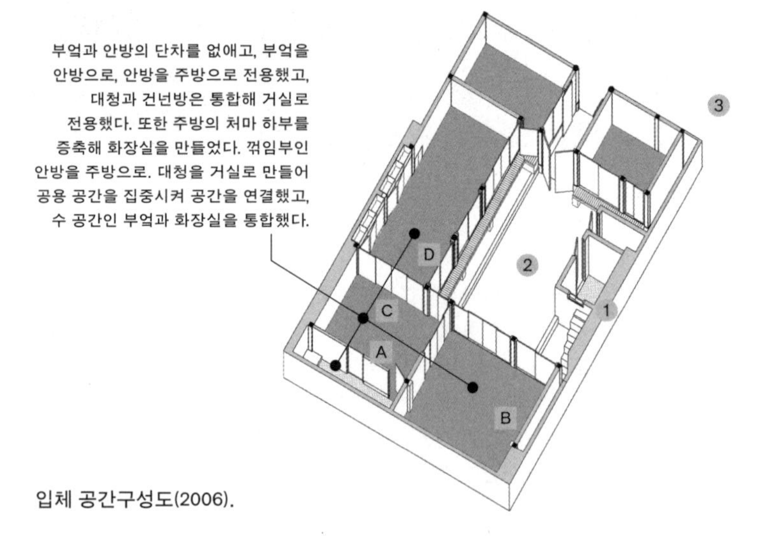

입체 공간구성도(2006).

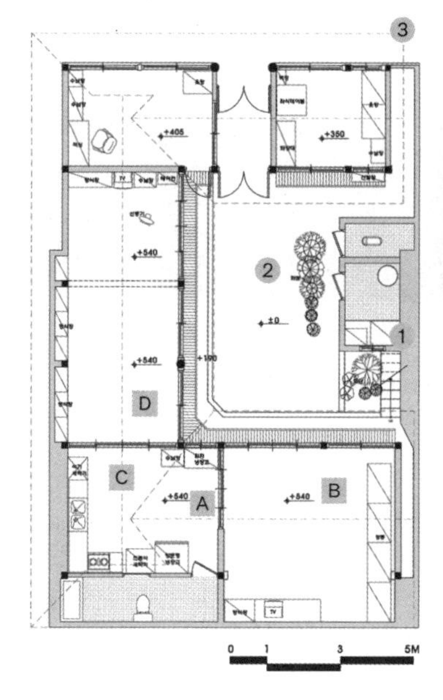

평면도(2006).

외부 사진(2006).

1 마당 한켠에 공간을 조성하는 것은 1930년대 이후 일반화되어 1960년대 도시한옥에도 동일하게 나타난다. 다만 광이 아니라 화장실과 욕실 등의 수 공간으로 조성된 것으로 보인다. 장독대 앞부분과 장독대 상부까지 장독을 줄이고, 대신 화단을 만들었다.

2 부엌을 포함한 모든 공간의 단차를 없애고, 큰 유리를 넣은 창호로 입면을 구성했다. 마당에 면한 외벽 전체에 쪽마루를 설치해 진입로와 통로, 물건을 쌓아 두는 수납 공간으로 사용하고 있다.

3 1960년대 제기동에 대규모로 조성된 도시한옥 가로이다. 대문간 양옆의 기둥은 원형 목재를 사용하고, 비교적 높은 기단, 홍살문, 목재 하부의 금속 장식, 보아지, 굴도리, 외벽 타일 마감 등을 했다.

서울시 동대문구 용두동 / 1900년대 중반 도시한옥

'잇는 마당과 보는 마당' 사례

마당 사진(2006).

A 지붕을 반투명한 플라스틱(폴리카보네이트)으로 씌워 마당을 반내부화해 다양한 물건의 수납 공간으로 사용한다.

B 반내부화된 마당과 지붕 상단까지 화분에 식물을 가꾸고 있다. 이 지역은 골목 전체가 '장미골목'으로 지칭될 만큼 식물들이 잘 가꿔져 있다.

C 기존 도시한옥 처마까지 내부 공간을 확장해 사용하고 있었고, 창호는 알루미늄 새시로, 외벽은 타일로 마감했다. 이후 마당 상부에 알루미늄 프레임으로 만든 반투명 지붕을 기와지붕에 얹어 반내부화했다.

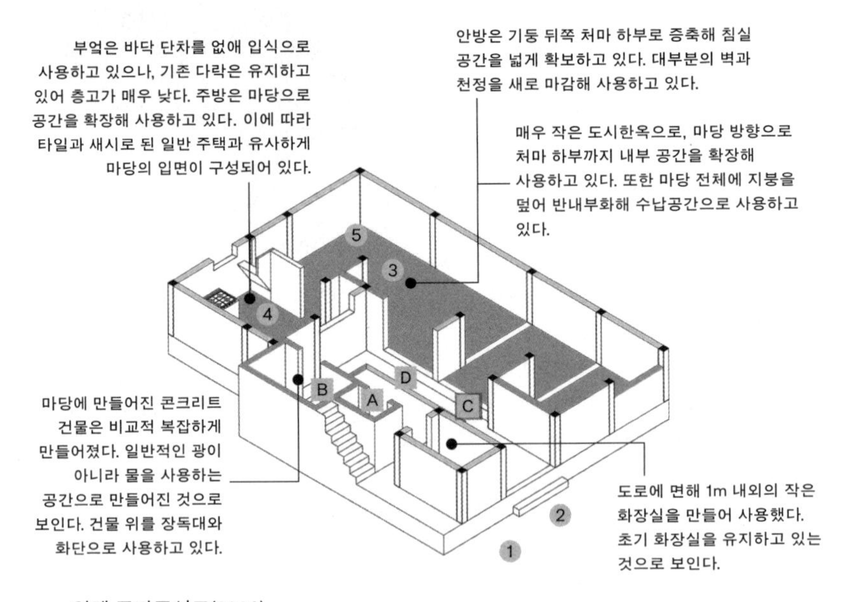

입체 공간구성도(2006).

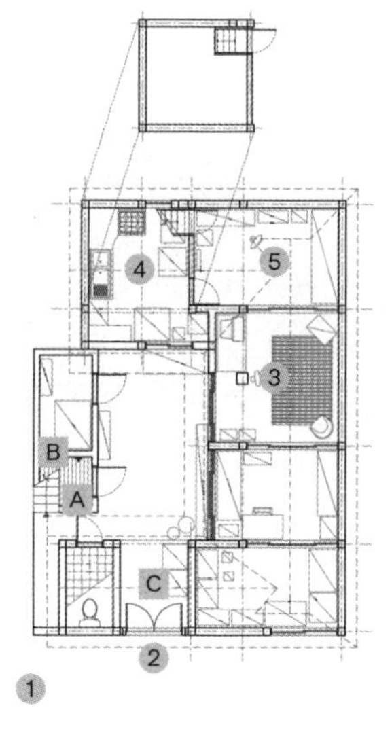

평면도(2006).

내·외부 사진(2006).

1 장미골목으로 불리는 한옥밀집지역으로, 골목길 전체에 화단으로 장미 터널이 형성되어 있다.

2 도시한옥의 규모가 작아서 수납할 공간이 없으며, 대문간에도 열지 않는 한쪽 대문 뒤로 많은 가재도구가 쌓여 있다.

3 대청마루는 마당으로 공간을 확장해 거실로 사용하고 있으나, 여전히 수납공간이 부족해 사방에 가재도구들이 쌓여 있다.

4·5 집의 규모 자체가 작아서 한 가족이 살기에도 가재도구 등 살림살이를 둘 만한 수납공간이 절대적으로 부족하다.

서울시 종로구 누하동 / 1900년대 초 도시한옥

'마당을 거실로 만든 마법' 사례(사진·평면도 출처: 〈서촌 보고서〉(2010), 서울역사박물관).

내부 사진(2010).

A 마당 부분에 지붕을 덮어 대청마루와 통합해 거실을 만들었다. 긴 거실에 양 옆으로 방과 화장실(욕실), 거실 끝으로 주방을 배치했다. 사진에서와 같이 대청마루의 기둥이 거실의 중심에 서 있다.

B 기본적으로 아파트 평면과 유사하나, 여전히 공간구성에 도시한옥의 특징이 많이 남아 있다. 전체 공간구성은 거실의 중심 공간 양쪽으로 각 실이 연결되는데, 이는 툇마루, 쪽마루, 마당으로 연결되는 구조와 동일하다. 즉 거실은 많은 부분 이동 동선으로 사용되고 있다. 기와지붕이 덮여 있는 한옥 부분은 누수가 심하고 단열이 잘 되지 않아 불편하다.

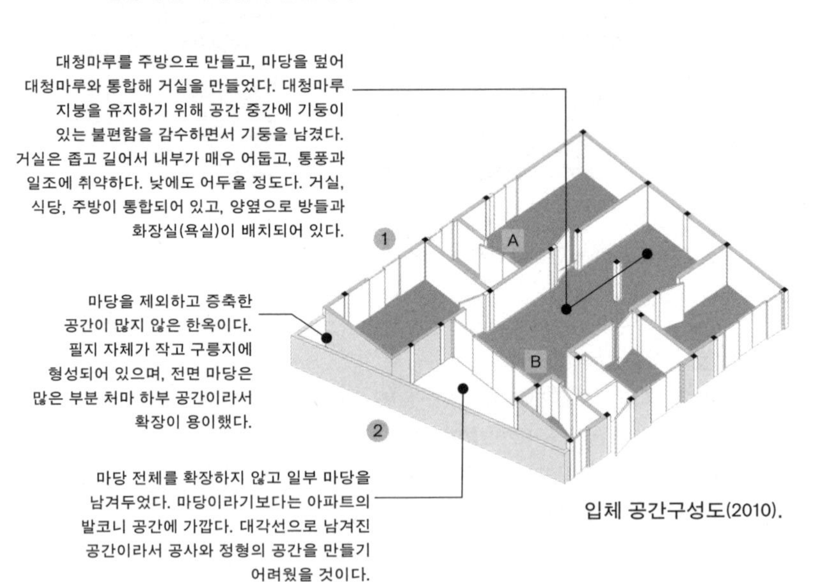

입체 공간구성도(2010).

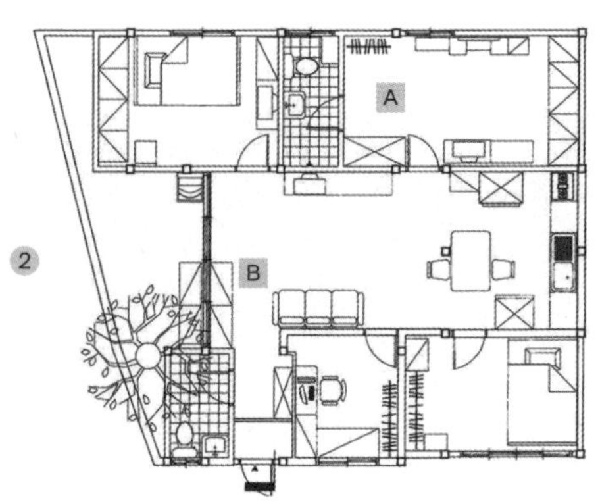

평면도(2006).

외부 사진(2010). 자연발생적으로 만들어진 지역으로, 비정형의 필지와 그 위에 다양한 형태의 도시한옥이 분포한다. 지붕을 포장으로 덮거나 마당으로 공간을 확장해 사용하는 도시한옥이 많다. 건물의 규모가 작고 폭이 좁은 단점을 해결하기 위해 마당을 내부화해 증축했으나, 수납공간은 여전히 부족하다.

서울시 성북구 보문동 / 1930년대 도시한옥

'현대적 생활 수용을 위한 수납공간 확장' 사례

(사진·평면도 출처: 송인호, 〈도시형 한옥의 유형 연구〉, 서울대학교 박사학위논문(1990)).

외벽 확장부 사진(1986).

A ㄷ자형 도시한옥의 처마 하부 전체를 확장해 수납공간으로 사용하고 있다. 옆집과 유사한 공간 구조지만, 옆집은 단옥 가구이고 이 집은 문간채를 셋집으로 구성한 점에서 차이가 있다. 대문간의 중문, 도로 방향 출입구, 대문간에서 문간방 진입구 등이 다르다.

B (점선 부분)대문간의 좌우 부분을 확장해 바깥채의 부엌과 전실로 사용하고 있다. 확장된 부분으로 외부에서 직접 진입하도록 문을 달아 사용하고 있다. 안채와 문간채는 C자형으로 붙어 있지만, 문간채를 독립된 셋집으로 사용하고 있다. 1930년대 도시한옥에서 나타나는 타일 등으로 마감한 것으로 볼 때 지어질 초기 확장했을 것으로 보인다.

C 겹처마가 시작되는 부분까지 붉은 벽돌을 쌓아 확장해 사용하고 있다. 이 집은 옆집에 비해 작은 규모로 지어져 외부 공간에 여유가 있어서, 외벽 전체로의 공간 확장과 겹처마까지의 확장이 가능했다. 암반으로 이루어진 구릉지에 짓느라 공사에 한계가 있기 때문이었을 것이다.

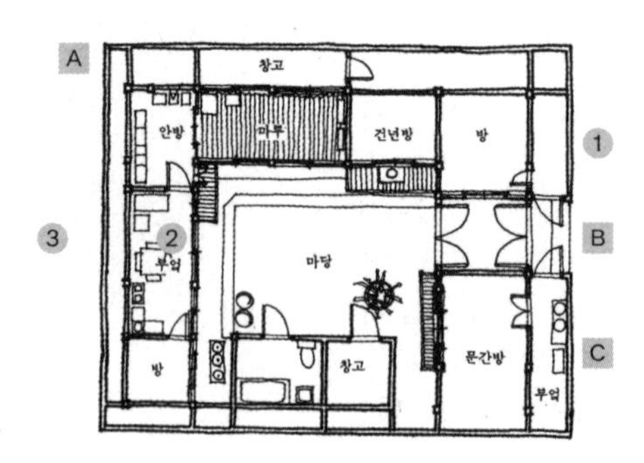

평면도(1986).

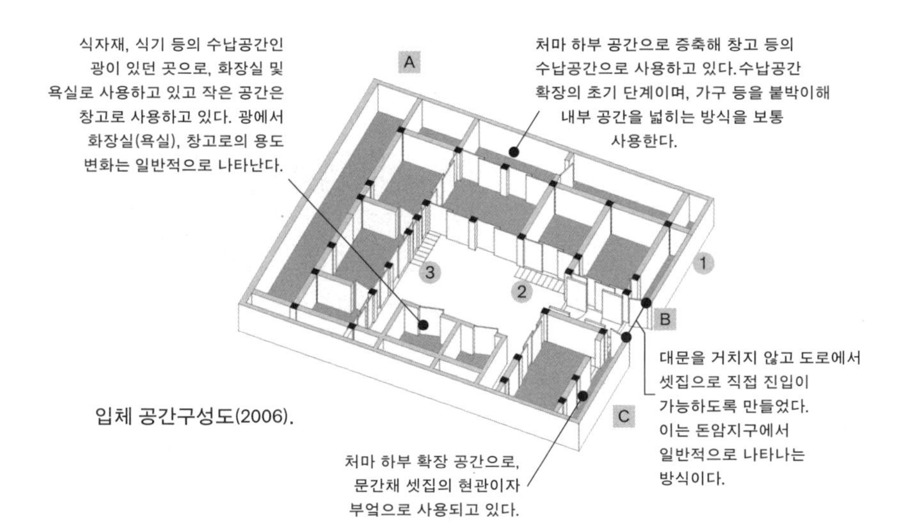

입체 공간구성도(2006).

외부 사진(1986).

1 돈암지구는 대부분 평지에 형성되었으나, 주변부로 구릉지에 형성된 필지들이 있다. 이 사진은 도시한옥의 모서리 부분으로, 바닥에서 1.5m 이상의 축대 위에 지어졌음을 알 수 있다.

2 대문간에는 미서기문을 달아 사용하고 있으며, 이는 내부 마당 및 공간의 독립성을 확보하기 위한 것으로 보인다. 대문간에서 바깥채의 방에 직접 진입할 수 있도록 셋집의 독립성을 확보했다. 다른 도시한옥에서도 많이 나타나는 방식으로, 지을 당시부터 셋집을 염두해 두고 있었음을 알 수 있다.

3 마당이 비교적 넓은 편으로 수목을 가꾸고 있다. 마당에 벽돌로 만든 장독대의 하부 공간을 광으로 만들었으나, 화장실 및 욕실, 창고로 사용된다. 층고가 낮아서 사람이 활동하기에 적합한 공간은 아니다. 지어질 당시의 화장실은 바깥채 문간방의 반칸으로 구성된 공간이었을 것으로 추정된다.

서울시 성북구 보문동 / 1930년대 도시한옥

'현대적 생활 수용을 위한 수납공간 확장' 사례

(사진·평면도 출처: 송인호, 〈도시형 한옥의 유형 연구〉, 서울대학교 박사학위논문(1990)).

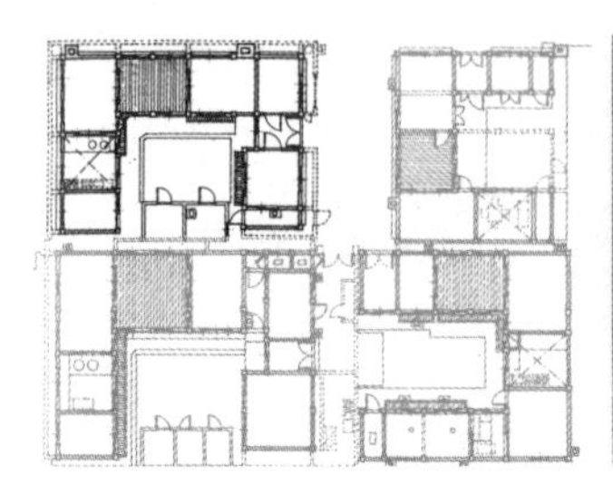

배치도 / 외부 사진(1989).

A 돈암지구는 일본식 가구 구조에 세장형 필지로 계획되었고, 이후 도시한옥 필지로 분할되었다. 그래서 배치도와 같이 막다른 도로에 4채가 맞물린 가구 구조가 많다. 이곳은 다른 가구에 비해 막다른 도로가 넓은 편이다. 대문 양옆의 문간방 전면부를 확장하고, 문간방마다 외부에서 진입이 가능하도록 독립적인 문을 달았다.

한 문간방은 처마 하부 공간을 확장해 방을 넓히고, 초기 화장실 공간에 부엌을 만들어 독립적인 셋집 구조를 만들었다. 다른 문간방은 대문 옆에 문을 만들어 확장된 처마 하부 공간을 지나 방으로 연결하는 방식으로 외부에서 직접 진입이 가능하도록 했다. 다가구법(1985년 건축법 개정)은 1가구에 2개 이상의 부엌과 화장실을 만들수 있도록 완화했는데, 이에 따라 적극적인 방식으로 셋집이 조성되었다.

1

2

A

입체 공간구성도(1989).

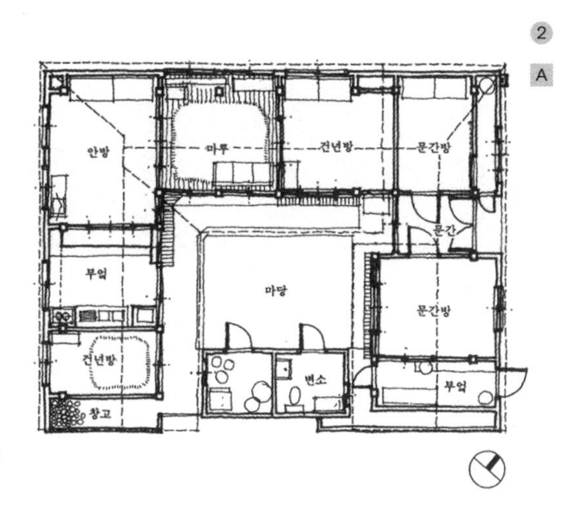

평면도(1989).

주변 지역 사진(출처: 서울시립대학교 역사도시건축연구실, 2003).

1·2 사진 1의 좌측 벽돌 건물과 사진 2의 우측 벽돌 건물이 사례의 도시한옥이다. 이 도시한옥은 철거되었지만, 2003년까지도 이 일대의 도시한옥들은 대부분 남아 있었다. 현재는 대부분이 철거되어 다세대와 다가구로 개발되었다. 막다른 골목으로 된 가구 구조로, 방향에 따른 다양한 배치와 ㅡ자형뿐 아니라 다양한 유형의 도시한옥이 나타난다. 사진 2는 배치도에서 막다른 골목 끝 두 채의 대문이고, 막다른 골목에 대문을 설치해 앞마당으로 사용하고 있다.

서울시 종로구 통인동 / 1900년대 초 도시한옥

'기와지붕 대신 간판을 얹은 집' 사례

외부 사진(2007).

A·B 금천시장 길가에 있는 식당으로, 전면부에서는 한옥으로 인지되지 않는 건물이다. 이 건물은 2층 건물, 도시한옥, 입구 부분 도로를 포함한 3필지로 되어 있다. 전면부 2층 건물은 외부 철제 계단을 통해 진입할 수 있다. 입구 부분 도로는 도시한옥으로 들어가는 도로였으나, 건물이 통합되면서 도로는 폐쇄되어 2층 입구로 사용된다.

C 전면부 2층 건물의 계단에서 찍은 사진이다. 전면에서 인지되지 않던 도시한옥의 기와지붕이 비교적 잘 보존되어 있다. L + ㅡ자형으로, ㅡ자로 일반화되기 이전의 도시한옥 유형이다. 1930년대 이전의 도시한옥으로 추정된다.

전면부는 2층 콘크리트 건물이고, ㅡ자형 한옥과 평행하게 만들어졌다. 한옥의 지붕이 벽에 붙어 있어서 시공이 어렵고, 누수 등의 문제가 발생할 수 있는 구조다. 일반적으로 사용하지 않는 형식이고, 한옥에서는 거의 사용되지 않는 형식이다. 필지 내에서 기존 한옥에 결합한 형태로 증축되었을 가능성이 높다.

외부 계단이 있는 곳은 막다른 도로로, 도시한옥으로 진입하는 길이었다. 공간이 통합되면서 도로는 사용되지 않는다. 각각 다른 도시한옥의 채였을 것으로 추정된다. 도로는 하천이었고, 하천이 복개되는 과정에서 필지가 조정되고 시장이 형성되었다. 이후 도시화·상업화에 따라 필지와 건물이 통합되었을 것으로 추정한다.

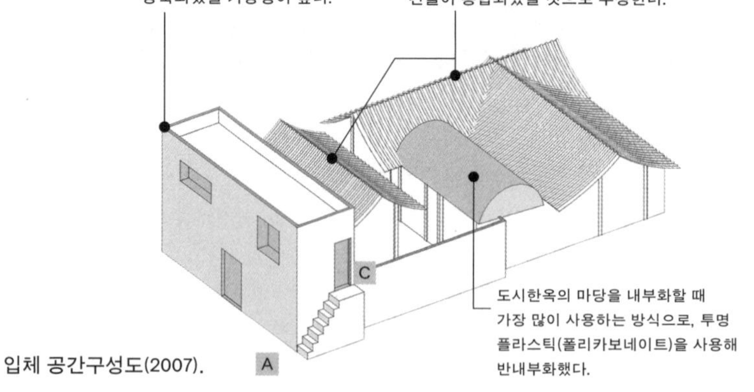

입체 공간구성도(2007).

평면도(2007).

내부는 2층 건물을 지나 ㅡ자형 한옥을 통과하면 마당이 나온다. 마당을 투명한 플라스틱 재질로 덮어 반내부화했으며, 일부는 외부에 노출된 마당으로 되어 있다. 내부의 한옥은 식당으로 사용되고 있는데, 대부분의 부재가 노출되어 있다. 비교적 잘 보존되어 있는 한옥이며, 식당 운영을 위해 일부 변경한 부분을 제외하면 대부분 지어질 당시 원형을 유지하고 있다. 서까래, 우미량 등은 잘 다듬어지지 않은 목재로 되어 있고, 노출되는 굴도리와 소로, 겹처마 등 양반 가옥의 격식을 갖추려 했다.

서울시 종로구 가회동 / 1930년대 도시한옥

'땅속과 지붕 속 공간' 사례

(사진·평면도 출처: 송인호, 〈도시형 한옥의 유형 연구〉, 서울대학교 박사학위논문(1990)).

변경 전 사진(2006년 이전).

A·B 처마 하부까지 공간을 확장하고 타일로 마감한 초기 확장형이다. 사진 B의 외벽은 골함석으로 마감되었다. 노후화된 외벽을 수선하지 않고 임시방편으로 처리했는데, 보존 정책 이전 열악한 주거지였던 북촌의 일반적인 경관이다.

C·D 마당에 면한 대청마루다. 처마 하단까지 새시로 증축하고 복도를 만들어 사용하는 유형으로, 도시한옥의 적응 과정에서 일반적으로 나타난다.

내부 공간은 전시관으로 사용되면서 내벽이 사라졌지만, 외형은 지어질 당시의 초기형과 흡사하게 만들어졌다. 담장, 외벽, 내부 창호, 편액 등 장식적이고 형식적인 요소는 오히려 더 전통적 양식으로 바뀌었다.

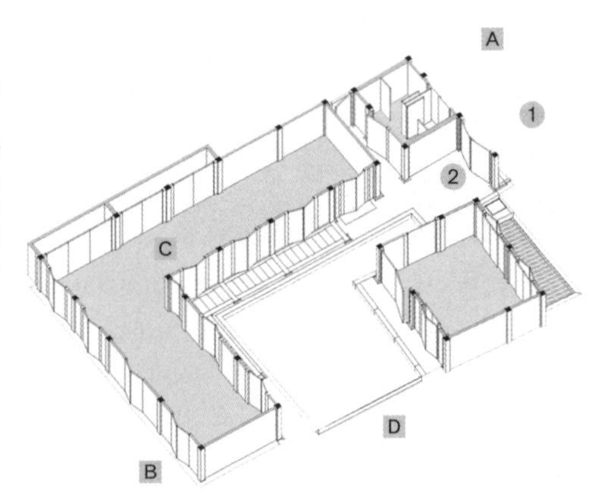

입체 공간구성도(2006).

1986년 이전(초기형 추정).

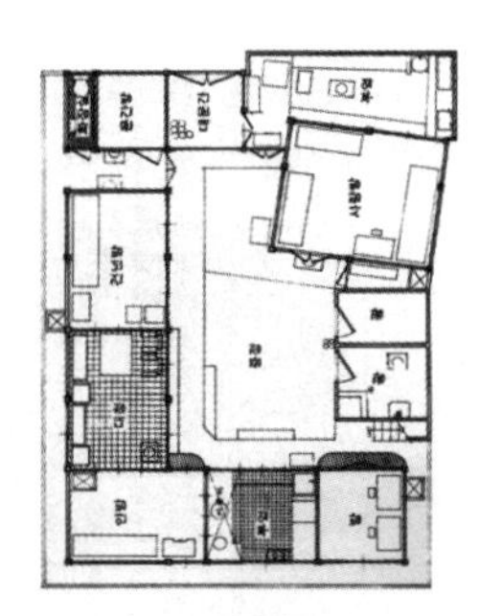

1986년.

2006년 이전.

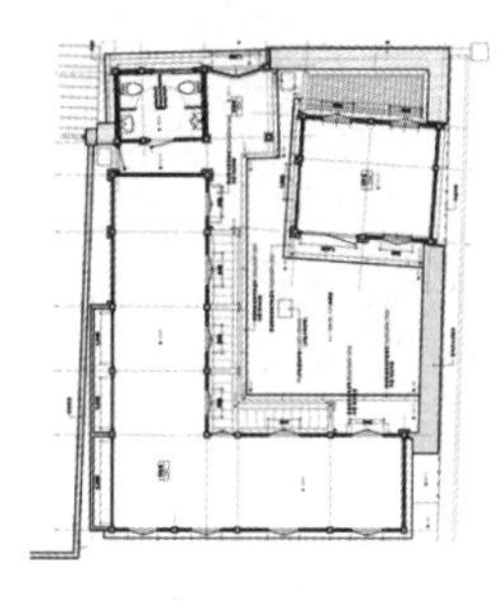

2006년.

평면 변화 과정.

변경 후 외부 사진(2006).

1930년대 지어진 이후로 처마 하부와 마당으로 공간을 확장했지만, 북촌의 보존 정책 이후 지원사업 등의 기준에 따라 지어질 당시의 배치와 전통적인 요소가 부가되었다. 사괴석 기와 담장, 자연석으로 쌓은 외벽, 세살창, 편액 등 장식적이고 형식적인 요소가 강화된 방식으로 변화했다.

서울시 종로구 가회동 / 1930년대 도시한옥

'땅속과 지붕 속 공간' 사례

내부 사진(2006).

A 지하층 높이에서 가로와 계단을 본 변경 전 모습.

B 계단에서 지하층 방향으로 본 변경 후 모습. 견치석으로 쌓은 축대 위에 세운 한옥에서 사괴석 담장으로 처리된 지하층 공간으로 바뀌었다.

C 지상층 가로에서 본 대문이 있는 변경 전 외벽이다.

D 지상층 가로에서 본 대문이 있는 변경 후 외벽이다. 처마 하부에 확장된 공간은 철거되고 사괴석과 전통 창호로 바뀌었다. 대문은 가로에서 뒤로 물려 만들어 전통적인 한옥으로 바뀌었다. 사진 C에서 옆 한옥도 사괴석에 전통 창호의 한옥으로 바뀐 것을 확인할 수 있다. 북촌의 보존 정책 이후 외벽은 이렇게 유사한 유형으로 바뀌는 경향을 보였다.

외부 사진(2006). 사진 1과 사진 2는 변경(2006) 전후 사진이다. 처마 하부로 증축한 부분을 철거하고, 사괴석과 회벽으로 마감했다.

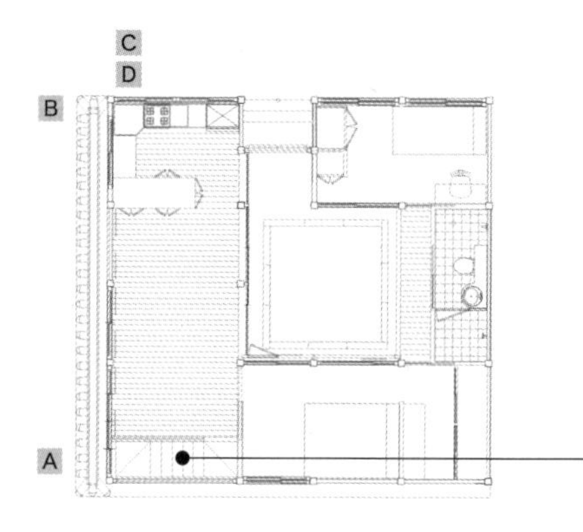

평면도(2006).

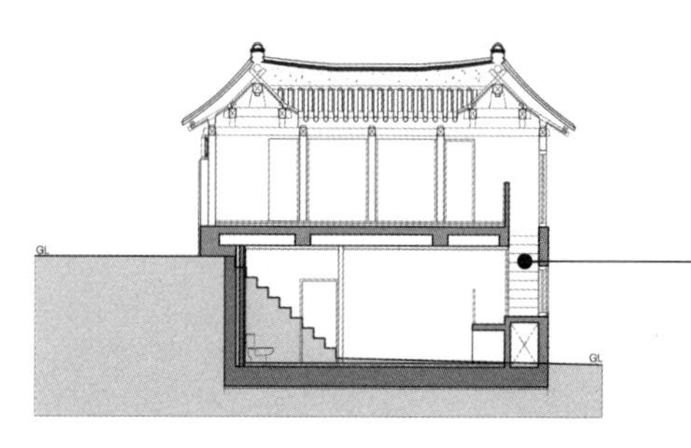

단면도(2006).

한옥 두 면이 길과 면하고 있으며, 두 길의 레벨 차이가 한 층이라서 단차를 이용해 지하층을 구성했다. 상층부는 초기형을 지향하며 만들어졌으나, 공간구성은 거실 중심형, 공간 연결형의 적응 양상을 보인다. 처마 하부 확장 공간을 철거하고, 수납공간 등 부족한 공간을 지하층으로 극복한 한옥이다.

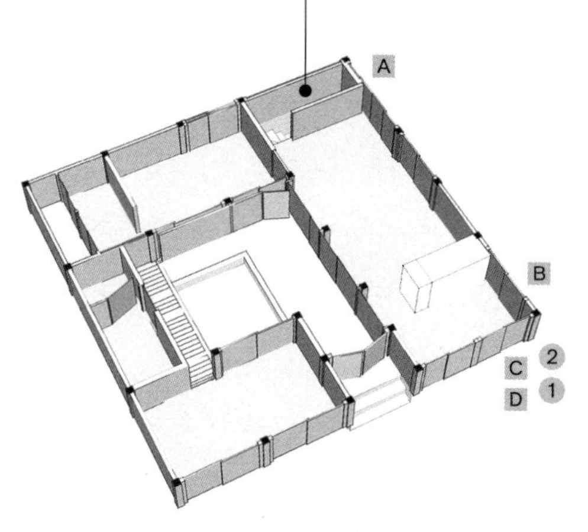

입체 공간구성도(2006).

나오며

집은 어떻게 진화하는가

2019년 국토교통부는 건축계의 노벨상으로 불리는 프리츠커(Pritzker)를 받게 하겠다며 '넥스트 프리츠커 프로젝트(NPP)' 사업을 만들었다.[01] 이 사업은 해외의 설계사무소(또는 연구 기관)에서 연수를 통해 "선진 설계 기법을 배워" 오도록 하는 것이었다. 더불어 연수를 마치고 온 건축가들에게 "사회공헌의 기회를 제공"[02]한다는 계획이었다. 별것 아닌 시답잖은 계획이라고 생각할 수 있다. 실제로 건축계가 약간의 불만을 토로하는 선에서 마무리되었다. 하지만 이 해프닝을 통해 확인할 수 있는 사실이 하나 있다. 바로 국토교통부는 한국 건축가가 프리

01 "(국토교통부 김상문 건축정책관은) 건축은 한 국가의 문화를 대표하는 중요한 척도로서, 우리나라도 프리츠커상을 수상할 수 있는 세계적인 건축가를 배출하기 위해 정부 차원에서 적극 노력해 나갈 예정이다." 〈국토교통부 보도자료〉, 2019. 5. 21.

02 〈국토교통부 보도자료〉, 2019. 5. 21.

츠커상을 받지 못하는 이유를 기술의 부재와 (해외) 경험의 부족으로 보며, 이를 한국 건축가, 건축 협회·단체, 건축 교육 전반의 문제로 본다는 사실이다. 정부에서 이런 발상을 하는 이유는 무엇이며, 별다른 저항이 없는 건축계의 태도는 과연 무엇일까?

전근대에서 근(현)대로 전환하는 시기의 한국은 자유 등의 기본권을 제한하면서 정부 주도로 경제개발을 이끌던 개발국가(Development Nation) 또는 개발독재국가였다. 이 시기에 국가가 주도한 건축 프로젝트, 즉 1965년 건축가 김수근의 국립부여박물관(현 사비도성 가상체험관), 1966년 건축가 강봉진의 국립중앙박물관(현 국립민속박물관), 1983년 건축가 김기웅의 독립기념관, 1984년 건축가 김석철의 예술의전당 등에서 전통 논쟁이 끊이지 않았다. 이 프로젝트를 실행한 건축가들은 당시 40대 후반의 강봉진을 제외하면, 30~40대 초반의 젊은 건축가였다. '국가의 위상을 높이기 위한 수단으로서 건축가 양성'이라는 NPP 사업의 목적과 크게 다르지 않다. 이를 고려하면, 국가(정부)는 늘 하던 방식대로 한 것이다.

전근대에서 근(현)대로 전환하는 시기의 일제와 군사독재정권에 부역한 건축가들은 승승장구했다. 당시 한국에서 국가(정부)가 기획한 프로젝트에 참여하지 않고 훌륭한(?) 건축가가 되기는 쉽지 않았다. 국가 프로젝트 참여는 건축가로 생존하기 위한 필수조건에 가까웠다. 그나마 창의적이고 독창적인 건축을 할 수 있는 아주 작은 밥그릇이었다. 내용은 조금 다르지만, 이런 갑을 관계는 지금도 여전하다. NPP 사업에 대한 건축계의 미지근한 태도는 이런 역사적 관계를 바탕으로 한다. 다음은 독립기념관 건립추진위원회에 참가한 건축가 김원의 태도를 분석한 논문의 한 대목으로, 1980년 한국 건축계의 전통 건축에 대한 이해 방식, 국가와 건축가의 관계를 잘 보여 준다.

> 종합박물관 현상설계의 부조리함, 참여 건축가가 자발적이고 창의적인 설계를 할 수 없게 가로막는 발주 측의 구체적이고 노골적인 방향 설정을 누구보다 비판하며 '무엇보다 우리는 창조적이어야 하고 현대적이어야 한다'고 주장했던 이가 김원이었기 때문이다. 이에 김원은 자신이 하갑청의 역할을 한 것은 인정하면서도, 관료가 아닌 건축가가 그 악역을 수행했기에 이전보다 나아진 것이라고 말한다.[03]

NPP 사업은 건축가들에게 "사회 공헌의 기회를 제공"한다고 말한다. 2016년 프리츠커상 수상자인 칠레 건축가 알레한드로 아라베나(Alejandro Aravena) 이후로 건축가들이 사회적 참여와 역할을 평가받아 상을 받았기 때문일 것이다. 하지만 "기회를 제공"한다는 말에서 알 수 있듯이, 건축가의 자발적인 사회적 참여와 역할을 지원하는 것이 아니라 정부가 주체가 되고자 한다. 건축가를 수동적 주체로 만들고 있는 것이다. 하지만 건축가가 자율적이고 창의적으로 설계하고 시민이 이를 선택하고 향유할 때,

03 박정현, 〈독립기념관의 건립 과정과 담론 변화에 관한 연구〉, 《건축역사연구》 제25권 6호(통권109호), 76쪽.

건축과 이에 동반된 행위는 문화가 되고 역사가 된다.

근대 과학으로서의 역사와 건축

현대건축의 역사를 이야기할 때 네덜란드 건축가 렘 쿨하스(Rem Koolhaas)를 빼놓을 수 없다. 쿨하스는 2000년에 프리츠커상을 받았다. 서울대학교 미술관, 삼성리움미술관, 한화 갤러리아백화점 광교점 등 여러 프로젝트에 참여해서 한국에도 잘 알려져 있다. 한국에서 건축학과에 다니는 학생이라면 한 번쯤 쿨하스가 설계한 건축물을 참조 또는 모방해 봤을 것이다. 무엇보다 쿨하스의 건축물이 포스트모던 철학자 질 들뢰즈(Gilles Deleuze)의 "폴딩(Folding)"과 같은 형태이며, 이 형태적 특이성이 한국에서 크게 유행했기 때문이다. 들뢰즈가 《천 개의 고원》에서 말하는 "폴딩"은 "생성적 잠재된 가능성" 또는 "연속과 비연속의 계기"를 뜻한다.

렘 쿨하스는 1968~72년에 건축대학을 다니고, 1975년 런던에 설계사무소를 열었다. 하지만 쿨하스를 유명하게 만든 것은 그가 설계한 건축물이 아니라 1978년 출간한 《광기(정신착란)의 뉴욕(Delirious New York)》이었다. 뉴욕이라는 거대도시의 자본주의적 속성을 정신착란(Delirious)이라고 분석한다. 그의 설계사무소 이름인 '거대도시 건축 사무소(OMA: Office for Metropolitan Architecture)'도 같은 맥락이라고 볼 수 있다. 쿨하스와 들뢰즈의 책은 과거를 역사적으로 정리해 현재와 미래를 제안하는 내용을 담고 있다. 자본주의와 근대에 대한 비판과 문제의식을 담고 있는데, 그

것을 쿨하스는 정신착란으로 들뢰즈는 정신분열(Schizophrenia)로 표현한다.

렘 쿨하스는 자신까지의 건축의 흐름을 안드레아 팔라디오(Andrea Palladio, 1508~80)와 르 코르뷔지에(Le Corbusier, 1887~1965)로 정리한다. 팔라디오는 서양 건축사에서 빼놓을 수 없는 인물이다. 르네상스 건축과 근대 건축을 잇기 때문이다. 서양 건축의 체계는 마르쿠스 비트루비우스 폴리오(Marcus Vitruvius Pollio, BC 1세기, 이탈리아 베로나)가 로마 건축을 정리해 쓴 《건축 10서》에서 시작된다. 이어서 레온 바티스타 알베르티(Leon Battista Alberti, 1404~72, 이탈리아 피렌체)가 《건축론 10서》로 정리했고, 팔라디오는 이 둘을 《건축 4서》로 정리해 근대로 이었다. 한 계단씩 올라서면서 발전한 것이다. 그 뒤 코르뷔지에는 팔라디오의 '빌라 말콘텐타'를 차용해 '빌라 가르쉐(스테인)'를 설계했고, 쿨하스는 코르뷔지에의 '빌라 사보아'를 차용해 쿤스트할과 보르도 주택 등을 설계했다.

코르뷔지에는 스위스에서 건축 활동을 시작했고, 1911년 '동방기행'을 떠났다. 코르뷔지에의 초기 작업은 빌라 스테인이나 빌라 사보아와 같은 흰색의 단순한 네모 상자가 아니라, 복잡한 전통 건축물이었다. 그리고 동방기행을 담은 책(《Le Corbusier Journey to East》)을 1914년 출간하려 했으나, 1차 세계대전으로 1965년에야 알려졌다. 렘 쿨하스는 르네상스를 정리한 팔라디오와 근대를 정리한 코르뷔지에로 현대 거대도시(포스트모던)의 역사를 정리함으로써, 담론을 구축한 건축가들로 건축사의 계보를 만들었다.

한옥은 왜 체계화되지 않을까

팔라디오, 코르뷔지에, 쿨하스는 무작정 예쁜 그림(디자인)을 그린 것이 아니다. 역사적 맥락에 대한 각자의 해석 또는 원칙을 세우며 건축물을 디자인했다. 그래서 단계적으로 성장할 수 있었다. 이렇게 서양의 건축사와 건축가에 대해서는 고대부터 현대까지 학문적으로 중요하게 다뤄지는데, 한국의 건축사와 건축가는 왜 체계적으로 정리조차 되지 않을까? 근대기의 김윤기, 김종량, 박길룡, 오영섭, 정세권 등과 같이 새로운 한옥을 설계하고 다양한 실험을 한 건축가들의 건축사는 왜 정리되지 않을까?

한국의 건축 교육은 서양 건축 중심의 커리큘럼을 가지고 있다. '건축'이라는 용어에서 바로 드러난다. 건축은 'Architecture'의 일본식 번역어다. 한국에서 사용하던 조영(造營, 집 따위를 지음)이나 영조(營造, 집 따위를 짓거나 물건을 만듦)와 큰 차이가 있고, 근대 건축 교육이 시작된 이후 사용된 조가학과의 '조가(造家)'와도 큰 차이가 있다. 현재 거의 유일하게 남아 있는 도면 작성 방식인 '정투영도(Ortho Graphic)'도 서구의 방식이 일본을 통해 우리나라에 전달된 것이다. 한국의 부감, 앙시, 전개도법과 큰 차이가 있다. 한옥을 그리기에는 훨씬 어려운 도면 방식이다.

근대 이전 한반도의 건축 도면은 겸재 정선의 〈진경산수화(眞景山水畵)〉 같은 진경(眞景)의 표현 방식이었다. 특정한 시점에서 기하학적 원칙에 따라 그린 도면이 아니라, 여러 시점에서 건축물 전체의 형태, 재료, 구성, 공간을 한 번에 보여주는 도면이다. 인간의 시·지각을 포함한 사물 인식을 도면(圖)과 설명(說)을 사용해 직관적으로 보여 주는 체계다. 서양식 도면 형식으로 설명하면, 입면·평면·사선으로 입면과 공간을 표현하는 오블리끄(Oblique)와 입체적 표현인 엑소노메트릭(Axonometric), 그리고 투시도가 혼재된 방식이다. 조선은 자연과 사물에 대해 서양과 다른 인식 체계를 가지고 있었다.

개념, 용어, 도법 등은 건축(설계)의 내용을 변화시킬 수밖에 없으며, 실제로 이 변화가 현재의 건축 문화를 만드는 데 큰 영향을 끼쳤다. 대표적으로, 거의 사라진 처마가 있다. 사계절이 뚜렷하고, 눈·비가 많고, 습도가 높은 우리나라의 기후 특성상 일조와 통풍을 제어할 수 있는 처마는 필수다. 하지만 처마는 정투영도로 표현하기 힘들고, 근대 미니멀리즘과 같은 간결한 건축물의 디자인에 어울리지 않으며, 시공이 쉽지 않아 경제적 효율성이 떨어진다. 5년제 대학 건축학과를 졸업해도 한옥 도면을 그리거나 설계할 수 있는 사람은 드물다. 실무에서 오랜 기간 설계 활동을 한 건축가들도 크게 다르지 않다.

한국에서 건축은 한국의 필요에 맞는 방법을 찾아 발전시키지 않고, 서구와 일제가 도입한 것을 무비판적으로 수용했다. 따라서 한국에서 온전한 건축 교육이 되기 위해서는 적어도 서구 사회의 특수한 건축적 맥락에 대한 이해가 필요하다. 그런데도 비트루비우스, 알베르티, 팔라디오 등에 대한 교육은 매우 미흡한 실정이다. 한국 또는 동아시아의 특수한 건축적 맥락을 정리해 건축 교육 커리큘럼을 구성하는 것 또한 미흡하다.

한국에서 근대 건축 교육이 시작된 지 100년이 넘었다. 하지

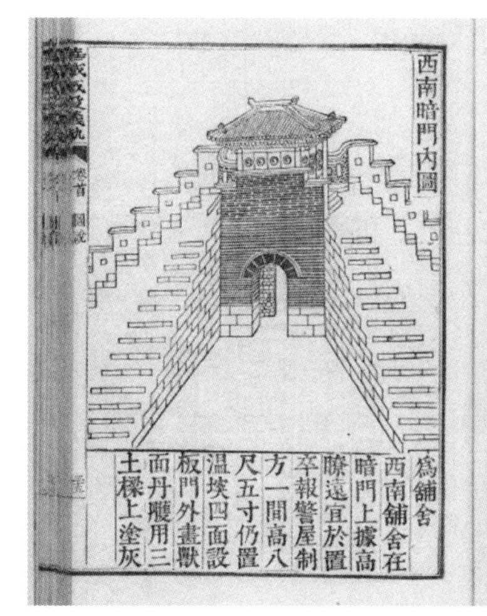

《화성성역의궤》(1801), 서남암문 내도·외도 도설(圖說) / 화성 축조: 1794~96년(정조 18~20년).

만 한국 건축 교육의 학제 편제는 온전히 자리 잡지 못했다. 서구 건축 교육을 온전히 이행하지 못했거나, 우리나라 건축의 역사에 대한 연구가 미흡했거나, 혹은 둘 다 되지 않았기 때문이다. 서구와 우리나라의 건축 맥락에 대한 이해가 없다면, 우리의 건축은 형태와 형식만 뒤따라가는 영원한 아류가 될 뿐이다. 이제라도 서구 건축을 비판적으로 수용하고 한국 건축을 체계적으로 연구·정리하려는 노력이 필요하다.

네가 한옥을 왜 정의하려고 해?

"네가 한옥을 왜 정의하려고 해? 권력자가 되고 싶은 거니?" 박사학위논문을 지도한 인류학 교수님께서 내게 한 말이다. 당시에는 충격이었다. 건축을 공부한 내게 한옥을 정의하는 일은 당연했기 때문이다.

나는 대학을 마치고 건축설계사무소에서 일했다. 업무에 참고하기 위해 보는 설계의 대부분은 유럽·미국·일본 건축가들의 작품집이었다. 나는 지형, 기후, 문화 등에서 차이가 큰 다른 나라들의 설계를 모방해야 하는 것이 늘 의문이었다. 더불어 팔라디오, 코르뷔지에, 쿨하스처럼 오랜 역사로 이어지는 건축의 체계 안에서 발전해 가는 서양 건축 문화가 궁금했다.

설계사무소를 그만두고 팔라디오의 빌라 로툰다와 빌라 말콘텐다, 코르뷔지에의 빌라 스테인과 빌라 사보아, 쿨하스의 쿤스트 할, 팔라디오의 중심형 평면인 로툰다, 9분할·16분할 평면의 전통에서 만들어지는 제임스 스털링의 슈투트가르트갤러리, 쉉켈의 알테스뮤지움 등을 찾아다녔다. 그러면서 하나의 의문이 더 생겼다. 왜 서구 건축 문화처럼 전통이 이어지면서 발전하고 현대화하는 과정이 한국에는 없을까? 더 구체적으로, 한옥은 왜 불가능할까? 이 두 가지 질문이 대학원으로 나를 이끌었다. 지금 생각하면, 소위 말하는 '국뽕' 같았다는 느낌이 들기도 한다.

석박사 과정에서 한옥과 근대 도시사를 공부했다. 공부를 하면 할수록 이 분야는 불모지라는 생각, 체계화되어 있지 않다는 생각이 들었다. 특히 나는 주로 1900년대 초·중반에 지어진 도시한옥을 공부했는데, 도시한옥은 현재 남아 있는 한옥의 대부분인데도 전통 가옥이 아니었고 학문적 연구도 미미했다. 전통 가옥은 조선시대 왕가와 양반가의 격식을 갖춘 기와집 정도로 이해되었

(왼쪽)한옥이 아닌 초가집. 한옥의 법적 정의로 보면, 초가집은 한옥이다. 하지만 일반적으로 초가집을 한옥으로 지칭하는 경우는 흔치 않다. 한옥은 일반적으로 기와집을 지칭한다. 사진 속 초가집은 북촌(서울시 종로구 삼청동)의 2002년 모습이다. 2002년 북촌가꾸기사업이 시작되고 보존 정책이 시행되던 시기다. 하지만 이제 북촌에서 초가집을 찾아볼 수 없다. (오른쪽)1929년 삼청동 일대(출처: 성균관대학교 박물관). 현재 삼청동은 기와집이 빼곡하게 들어차 있지만, 1929년만 해도 대부분은 초가집이었다. 사진 속의 바위 언덕은 1940년대 발파되어 사라지고 기와집으로 개발되었고, 언덕 위 삼청동 35번지도 이 시기에 기와집으로 대규모 개발되었다. 조선시대 북촌 가회동 일대는 자연 상태에 가까웠고, 삼청동 일대는 주거지가 형성되어 있었다. 국가기관이 생각하는 역사, 전통, 보존, 한옥이 무엇인지를 고민하게 하는 사진이다.

지만, 구체적으로 조선 왕가나 양반가의 가옥이라고 불리지 않았다. 일제강점기에 대량 개발된 북촌 등지의 소규모 한옥은 도시한옥이나 개량한옥이었지만, 보통 사람들은 그냥 전통 한옥이라 불렀다. 심지어 기와지붕이 덮인 집은 일본식이든 양식이든 한옥이라 불렸다. 이런 상황을 목격하면서 내 질문은 더 구체적으로 나아갔다. 왜 학자들의 한옥 정의와 시민들의 한옥 정의에 차이가 날까? 왜 조선시대 왕가와 양반가의 가옥을 전통 가옥이라 하고, 이것들을 중심으로 문화재로 보존하고 한옥의 기준을 만들까? 한옥을 정의하는 데 시민이나 사용자(거주자)는 왜 주체가 되지 못할까? 왜 한옥 사용자와 시민의 삶의 필요로 변화한 것들을 문화나 전통으로 인정하지 않을까?

짧은 처마를 보완하기 위한 함석 물받이, 창호를 보완하기 위한 알루미늄 새시, 흙이나 석회로 된 벽을 보완하기 위한 벽돌과 타일, 좁은 공간을 보완하기 위한 철골 부재와 격식(?)을 갖추지 못한 목구조까지, 도시한옥의 적응태는 국가와 전문가에 의해 소거 대상이 되었다. 보존 지역도, 지원사업의 대상도 몇몇 관료와 전문가가 결정했다. '한옥' 또한 그런 방식으로 정의되었다. 북촌 등지에서 초기에 이루어진 건축 심의는 100여 년을 적응하면서 증개축된 것들을 철거하고, 정해진 기준에 맞춰 초기 형태로 돌아가거나 조선시대의 특정한 양식으로 바꾸는 것으로 이루어졌다. 기존의 벽돌이나 타일이 아닌 사괴석(벽이나 돌담을 쌓는 데 쓰는 육면체의 돌)으로 벽을 쌓았고, 다양한 문양의 창호 대신 세살(빗살) 문양 창호로 통일했다.

내 석박사 논문의 키워드는 '적응'이다. 석사학위논문에서는 일제강점기와 군사정권기를 거치며 형성된 도시 개발 문화를 이해하기 위해 수동적 조정이라는 의미에서 '순응(Adjustment)'을 사용했고, 박사학위논문에서는 이런 강제적인 조건에서도 능동적으로 변화했다는 의미에서 '적응(Adaptation)'을 사용했다. 그리고 이러한 적응 과정에 나타난 특정 시기의 모습을 '적응태'로 지칭했다. 한옥은 늘 변화하고 적응해 왔으므로, 나는 한옥을 최대한 느슨하게 정의해야 한다고 생각했다. 그러자 교수님은 "느슨하게 한다고 스트라이크 존(Strike Zone)이 아니냐? 스트라이크냐 볼이냐를 결정하는 것은 결국 심판이다"라고 말했다. "네가 심판이 되려고 하는 것이냐? 네가 그 권력을 가지고 싶은 것이냐?"라고도 했다. "느슨한 정의" 정도도 건축과에서는 도전이고 저항이었다. 무엇보다 지도교수가 내린 정의를 바꿔야만 했기에 공격적이었다.

어쨌든 다수 시민의 사용으로 허용된 '짜장면'과 달리, '한옥'을 정의하는 데 일반 시민이나 한옥 사용자의 참여는 배제되었다. 몇몇 관료와 전문가의 결정으로 고착되었으니, 문제가 있는 것은 확실하다.

한옥이라는 말을 쓰고 싶지 않은 것이 솔직한 내 심정이다. 하지만 보편적으로 쓰는 용어를 사용하지 않을 수는 없기에 쓴다. 또한 나는 일상을 살아가는 시민의 삶의 필요에 따라 선택되고 결정되는 건축이 존중받길 바란다. 그것이 마당을 중심으로 한 목구조에 기와지붕을 얹은 집이 아니고 콘크리트로 된 아파트여도, 시민의 필요로 선택되어 적응한 것이라면 한옥이라고 부를 수 있기를 바란다. 무엇보다 담론, 문화, 역사라는 체계로 한반도에서 형성된 건축을 정리해, 미래 세대는 그 계단을 밟고 올라설 수 있기를 바란다.

참고문헌

저자 연구논문·보고서·기고문

정기황, 《서울 도시한옥의 적응태》, 서울시립대학교 박사학위논문, 2015.

_____, 〈자하문 길 주변 지역의 도시건축 적응 유형 연구〉, 서울시립대학교 석사학위논문, 2008.

Jung Keehwang & Kim Hoyoung, *Examining the significance of spatial layout experiments in Joseon houses: A detailed analysis of Jungdang-style houses in the 1920s-1930s Gyeongseong*, Journal of Asian Architecture and Building Engineering, Published 13 Jun 2024.

______________________________, *Adaptation process of a Korean traditional house to modern dwelling culture: focusing on Hui-Dong Go's house* (1918-1959) *in Wonseo-dong*, Seoul, Journal of Asian Architecture and Building Engineering, Published 21 Dec 2023.

정기황·송인호, 〈서울 가회동 11번지 도시한옥 주거지의 필지 형성 과정 연구〉, 《건축역사연구》, 2014.

정기황, 〈전통문화지구 보존(재생) 정책의 장소 산업적 접근에 대한 비판적 고찰〉, 《서울학연구 42호》, 2011.

_____, 〈조선 기와지붕만 겨우 남겨놓은 집〉, 《월간 문화+서울》, 서울문화재단, 2019. 5.

정기황, 〈한옥의 오해를 푸는 열쇠〉, 《월간 문화+서울》, 서울문화재단, 2019. 9.

정기황(책임연구원), 〈돈암지구 편 (도성 밖 신도시)〉, 서울역사박물관, 2021.

______________, 〈연지·효제 편 (새 문화의 언덕)〉, 서울역사박물관, 2020.

______________, 〈북촌 편 (경복궁과 창덕궁 사이의 터전)〉, 서울역사박물관, 2019.

______________, 〈청량리 편(일상과 일탈)〉, 서울역사박물관, 2012.

단행본

가라타니 고진, 송태욱 옮김, 《현대 일본의 비평(Modern Criticism of Japan)2: 1868~1989》, 2002.

김광언, 《韓國의 住居民俗誌》, 민음사, 1988.

김동욱, 《조선시대 건축의 이해》, 서울대학교 출판부, 2001.

_____, 《한국건축의 역사》, 기문당, 2003.

_____, 《한국건축·중국건축·일본건축: 동아시아 속 우리 건축 이야기》, 김영사, 2022.

김소연, 《경성의 건축가들》, 루아크, 2017.

김종준, 《한국 근현대의 파시즘적 역사 인식》, 소명출판, 2023.

김진균, 정근식, 《근대주체와 식민지 규율권력》, 문학과학사, 1997.

김홍식, 《民族建築論》, 한길사, 1987.

렘 쿨하스, 김원갑 옮김, 《정신착란증의 뉴욕》, 태림문화사, 1999.

_______, 김원갑 편저, 《광기의 뉴욕》, 세진사, 2001.

마르크 블로크, 고봉만 옮김, 《역사를 위한 변명》, 한길사, 2008.

미셸 푸코, 오생근 옮김, 《감시와 처벌: 감옥의 역사》, 나남, 2003.

박노자 외, 《전통: 근대가 만들어 낸 또 하나의 권력)》, 인물과사상사, 2010.

박완서, 《그 남자네 집》, ㈜도서출판 세계사, 2012.

박제가, 안대회 교감 역주, 《북학의(北學議)》, 2013.

박지원, 고미숙·길진숙·김풍기 옮김, 《열하일기 上·下》, 북드라망, 2019(개정신판).

신영훈, 《한국 건축사 대계 1: 한옥과 그 역사(한국 건축사 서설)》, 에밀레미술관, 1975.

신영훈·김대벽, 《우리가 정말 알아야 할 우리 한옥》, 현암사, 2005.

신채호, 《낭객의 신년 만필》, 파란꿈, 2020.

아도르노(Theodor Adorno), *The Culture Industry*, ROUTLEDGE, 2008.

아모스 라포포트, 이규목 옮김, 《주거형태와 문화》, 열화당 미술선서 47, 1993.

에드워드 렐프, 김덕현 외 2인 옮김, 《장소와 장소 상실》, 논형, 2008.

에릭 홉스봄 외, 박지향·장문석 옮김, 《만들어진 전통》, 휴머니스트, 2008.

역사문제연구소, 《한국의 '근대'와 '근대성' 비판》, 역사비평사, 1996.

염복규, 《서울은 어떻게 계획되었는가》, 살림, 2005.

장문석·이상록(비교역사문화연구소), 《근대의 경계에서 독재를 읽다: 대중독재와 박정희 체제》, 그린비, 2006.
조희연(역사문제연구소), 《박정희와 개발독재시대: 5·16에서 10·26까지》, 역사비평사, 2010.
주남철, 《한국건축사》, 고려대학교출판부, 2006.
질 들뢰즈·펠리스 가타리, 김재인 옮김, 《천 개의 고원: 자본주의와 분열증》, 새물결, 2003.
콜로미나, 강미선 외 옮김, 《섹슈얼리티와 공간》, 동녘, 2005.
콜린 로우(Colin Rowe), *The Mathematics of the Ideal Villa*, 1947.
토마스 마커스, 유우상 외 옮김, 《권력과 건축공간: 근대사회 성립 과정에 나타난 건축의 자유와 통제》, Spacetime, 2006.
폴 올리버(Paul Oliver), *Dwellings*, PHAIDON, 2003.
하이데거, 이기상·신상희·박찬국 옮김, 《강연과 논문》, 이학사, 2008.

논문

권보드래, 〈사상계와 세계문화자유회의: 1950-60년대 냉전 이데올로기의 세계적 연쇄와 한국〉, 《아세아연구》 제54권 2호, 2011.
김근영, 〈현대도시에서 한옥의 의미〉, 서울대학교 석사학위논문, 2003.
김란기, 〈근대 한국의 토착 민간 자본에 의한 주거건축에 관한 연구〉, 《건축역사연구》 제1권 제1호, 1992.
______, 〈한국 근대화 과정의 건축제도와 장인 활동에 관한 연구: 개량전통주택을 중심으로〉, 홍익대학교 박사학위논문, 1989.
김명선, 〈박길룡의 초기 주택개량안의 유형과 특징〉, 《대한건축학회논문집 계획계》 제27권 제4호(통권 270호), 2011.
______, 〈한말 근대적 주거 의식의 형성〉, 서울대학교 박사학위논문, 2004.
김순일, 〈조선후기의 주의식에 관한 연구〉, 《대한건축학회지》 25권 98호, 1981.
______, 〈개화기 주의식에 관한 연구〉, 《대한건축학회지》 26권 106호, 1982.
김영수, 〈경사지 도시한옥의 주거지 구조와 외부공간 구성에 관한 연구〉, 서울시립대학교 석사학위논문, 1999.
김용범·박용환, 〈1929년 조선일보 주최 조선주택설계도안 현상모집에 관한 고찰〉,

《건축역사연구》 제17권 2호 통권57호, 2008. 4.
김윤희, 〈갑신정변 전후 '개화' 개념의 내포와 표상〉, 《개념과 소통》 제2호, 2008. 12.
문정기, 〈이층한옥상가의 유형연구〉, 서울시립대학교 석사학위논문, 2003.
박세훈, 〈1920년대 경성도시계획의 성격: '경성도시계획연구회'와 '도시계획운동'〉, 《서울학연구 15》, 서울학연구소, 1990.
박정현, 〈독립기념관의 건립 과정과 담론 변화에 관한 연구〉, 《건축역사연구》 제25권 6호(통권109호), 2016. 12.
백선영·전봉희, 〈1930년대 김종량의 H자형 한일절충식 도시주택〉, 《건축역사연구》 제18권 5호(통권 66호), 2009. 10.
서현주, 〈경성지역의 민족별 거주지 분리의 추이(1927~1942년)〉, 《국사관논총》 94권, 국사편찬위원회, 2000.
송인호, 《도시형 한옥의 유형연구》, 서울대학교 박사학위논문, 1990.
이경아, 〈정세권의 중당식 주택 실험〉, 《대한건축학회논문집 계획계》 제32권 제2호(통권328호), 2016. 6.
이금도 외 1인, 〈조선총독부 발주 공사의 입찰방식과 일본청부업자의 수주독점 행태〉, 《대한건축학회논문집 계획계》 22권 6호, 2006.
최병두, 〈자본주의 사회에서 장소성의 상실과 복원〉, 《도시연구(한국도시연구소 논문집)》, 2002. 12.
최순애, 〈박길룡의 생애와 작품에 관한 연구〉, 홍익대학교 석사학위논문, 1982.
한철욱, 〈서양화가 춘곡 고희동 가옥의 원형추정 및 변형과정에 관한 연구〉, 한양대학교 석사학위논문, 2016.

연구보고서

무애건축연구실, 〈가회동 한옥보존지구 실측조사보고서〉, 1986. 3.
서울특별시, 〈북촌가꾸기 기본계획〉, 서울특별시, 2001.
_________, 〈서울시 문화지구 지정 및 운영방안 연구〉, 2001.
_________, 〈서울 한옥 20년 회고와 확장〉, 2020.
_________, 〈인사동 지구단위계획〉, 서울특별시, 2002.
에스에이치공사, 〈역사문화도시 서울의 한옥선언〉, 2008.

정석, 〈서울시 한옥주거지 실태조사 및 보전방안 연구〉, 서울시정개발연구원, 2006.
종로구청, 〈서울 원서동 고희동 가옥 기록화 조사보고서〉, 2020.

잡지·신문

김성홍, 〈한국의 건축운동, 어떻게 볼 것인가〉, 《건축과 사회》 2013 특별호(제25호), 2013. 12.
김유방, 〈우리가 선택할 소주택, 문화생활과 주택〉, 《개벽》 제34호, 1923. 4. 1.
김종량, 〈주택으로 본 조선사람과 여름〉, 《별건곤》, 1930. 7.
방정환, 〈가정계몽편-살님사리 대검토: 주택편〉, 《신여성》 5권 3호, 1931. 3.
이상헌, 〈공공영역과 공공건축, 공공디자인〉, 《건축과 사회》 통권11호, 새건축사협의회, 2008.
정세권, 〈건축계로 본 경성〉, 《경성편람》, 1929.
______, 〈폭등하는 토지, 건물 시세, 천재일우(千載一遇)인 전쟁 호경기(好景氣) 래(來)!〉, 《삼천리》 제7권 제10호, 1935. 11. 1.